园林景观设计与 工程施工养护研究

张伟 管丽娟 黄彦龙◎著

时代文艺出版社
SHIDAI WENYI CHUBANSHE

图书在版编目（CIP）数据

园林景观设计与工程施工养护研究 / 张伟, 管丽娟,
黄彦龙著. -- 长春：时代文艺出版社, 2023.12
    ISBN 978-7-5387-7395-8

    Ⅰ.①园… Ⅱ.①张… ②管… ③黄… Ⅲ.①园林设
计－景观设计－研究②园林－工程施工－研究 Ⅳ.
①TU986

    中国国家版本馆CIP数据核字(2024)第016618号

园林景观设计与工程施工养护研究
YUANLIN JINGGUAN SHEJI YU GONGCHENG SHIGONG YANGHU YANJIU
张伟　管丽娟　黄彦龙　著

出 品 人：吴　刚
责任编辑：陆　风
装帧设计：文　树
排版制作：隋淑凤

出版发行：时代文艺出版社
地　　址：长春市福祉大路5788号　龙腾国际大厦A座15层　（130118）
电　　话：0431-81629751（总编办）　　0431-81629758（发行部）
官方微博：weibo.com/tlapress
开　　本：710mm×1000mm　1/16
字　　数：220千字
印　　张：16
印　　刷：廊坊市广阳区九洲印刷厂
版　　次：2023年12月第1版
印　　次：2023年12月第1次印刷
定　　价：76.00元

图书如有印装错误　请寄回印厂调换

前　言

　　科学技术的进步促进了城市现代化的发展。物质生活越来越多样化，居民对城市建设的舒适度要求也越来越高。作为城市生活最重要的部分之一，园林景观在城市规划和设计中起着重要的作用。为了提高城市居民生活质量，有必要提高园林景观设计水平。随着城市化建设进程的加快，人们越来越渴求精神方面的满足，对园林景观的施工建设越来越重视，对城市绿化工作提出了更高的要求，园林景观的养护管理作为影响城市市貌的主体工作，受到了人们的热切关注。

　　本书针对园林景观设计与工程施工养护进行研究，先是从园林景观概述入手，介绍了园林景观设计方式以及园林景观规划设计内容、分类和原理等，并详细地分析了园林工程施工与养护概述、园林绿化栽植与施工技术以及园林花卉栽培与养护技术，而且对园林绿化养护管理进行探讨。本书通过实际的施工和养护经验来阐述施工与养护的关系，以及施工与养护的技术关键点，重点探讨和研究施工与养护相结合的重要性，为园林绿化施工与养护提供科学依据。本书适合园林绿化工程施工入门人员和养护人员阅读使用，有较强的参考指导意义。

　　在撰写本书的过程中，笔者借鉴了许多专家和学者的研究成果，在此表示衷心的感谢。本书研究的课题涉及的内容十分宽泛，尽管笔者在写作过程中力求完美，但仍难免存在疏漏，恳请各位专家批评斧正。

目　录

第一章　园林景观概述

第一节　园林艺术及功能

一、园林艺术

（一）园林艺术及特点

中国园林艺术源远流长，其完整的理论体系早在公元 1631 年即见于明代计成所著《园冶》一书中。书入日本，被誉为"夺天工"，可见对它的高度评价。专门名词"造园"是他先提出来，后来日本人沿用。

16 世纪的意大利、17 世纪的法国和 18 世纪的英国，园林被视为一门极其重要的融合各种艺术的荟萃艺术。1638 年，法国园林家布阿东索的著名作品《论园林的艺术》问世，他的主要论点是："一个人所能发现的最完美的东西，如果不加以组织和排列整齐，就是有缺陷的。"17 世纪下半叶，法国造园学家勒特持提出要强制自然接受统一的法则，他主持设计的凡尔赛宫苑，利用地势平坦的特点，开辟大片草坪、花坛、河渠，创造宏伟华丽的园林风格，被称为"勒诺特风格"，并被西欧各国竞相模仿。德国著名古典哲学家黑格尔（1770—1831）在其美学著作中指出："园林艺术为精神创造了一种环境，一种第二自然。"在他看来，"园林有两种类型，一种是根据绘画原理创造的，一种是根据建筑原理建造的，因此必须将绘画原理与建筑要素分开"。它们试图模仿大自然，将大自然景物中那令人心旷神怡的部分，集中在一起，形成完美的整体，这就是园林艺术；建筑则以建筑方式安排自然事物；人们从大自然取材花草树木，就像建筑师为建造宫殿而取自大自然的石头、大理石和木材一样，花木是活生生的。利用建筑的方式布置花草树木、喷泉、水池、道路、雕塑等，这就是园林艺术。因为艺术观不同，所产生的园林风格也不同。但是作为上层建筑的园林艺术，本来是容许多种风格存在的，随着东西方文化的交流，思想感情的交流，各自的风格都在产生惟妙惟肖的变化，从而使园林艺术更加丰富多彩，日新月异。

它与其他艺术有共同之处，就是通过典型形象来反映现实，表现作者的思想感情和审美情趣，以其独特的艺术魅力影响人们的情绪，陶冶人们的情操，提高人们的文化素养。区别在于：园林不仅仅是一种艺术形象还是一种物质环境，园林艺术是对环境进行艺术加工的理论和技巧，园林艺术具有自己的特色。

1.园林艺术是与功能相结合的艺术

从环境效益、社会效益、经济效益等多个方面的要求出发，考虑到园林艺术性与功能性的要求，达到艺术与功能的高度统一。

2.园林艺术是有生命的艺术

组成花园的主要材料是植物。以植物的形态、颜色、芳香等为主题，以植物的季节变化为主题，以植物的形态、颜色、芳香等为主题。植物是有生命的，因此园林艺术具有生命的特性，它不像绘画和雕塑艺术那样抓住瞬间的形象凝固不变，而是随着岁月的流逝，不断地改变自己的形体，并因植物之间相互消长而不断改变园林空间的艺术形象，因此园林艺术是有生命的艺术。

3. 园林艺术是与科学相结合的艺术

园艺学是一门集功能于一体的艺术，因此，规划设计首先要考虑其多种功能要求，对服务对象、环境容量、地形、地貌、土壤、水源及其周边环境等进行仔细的调查研究后，才能开始规划设计。园建、道路、桥梁、挖湖堆山、给排水工程、照明系统等都要根据工程技术要求进行设计和施工，以保证工程质量。由于物种的不同，植物的生态习性、生长规律和群落演替过程等也存在差异。要想实现长势强健、枝繁叶茂，就必须因地制宜、适树、适度利用，再加上科学的管理，这是植物造景艺术的基础。总之，一幅优秀的园林景观，从规划设计、施工到养护管理，全靠科学，只有靠科学，园林艺术才能尽善尽美。因此，园林艺术是科学与艺术的结合。

4. 园林艺术是融汇多种艺术于一体的综合艺术

园林是一门独特的艺术，融合文学、绘画、建筑、雕塑、书法、工艺美术等艺术门类。它们在各自的位置上起着充分体现园林艺术的作用。各种艺术的综合，必须相互渗透、融为一体，形成一套适合于新条件、能统领全局的总体艺术法则，从而体现综合艺术的本质。

由上述四个特点可以看出，园林艺术不是任何一种艺术可以替代的，任何专家都不可能独立完成造园任务。有些人说造园家就像乐队指挥或戏剧的导演，尽管他并不一定是一位高明的演奏家或演员，但他却是乐队的灵魂、戏剧的统帅；尽管他并非高明的画家、诗人、建筑师等，但他能以园艺学原理及其他各种艺术、科学的知识统筹规划，将各艺术角色置于合适的位置，使彼此相互协调，从而提高其整体艺术水平。所以，园林艺术的实现，是由多种艺术人才与工程技术人员共同努力完成的。以上这些特点，决定了它在园林艺术中反映现实与反作用的特殊性。一般说来，园林艺术并没有反映生活和自然中丑陋的东西，而反映出自然意象却是令人愉悦的。古代园林中的园林景物，尽管存在着虚伪的自我标榜和封建意识的反映，但其艺术形象却通过感官的快感，产生了心理、情感上的美与乐，所谓"以情为起，以情为志"。

自然没有阶级性，自然美的艺术表现方式将引起不同阶层的共同美感。园林可以表现一定的思想主题，但反映现实比较模糊，无法具体描述事物，因此，它的思想教育作用远不如小说、戏剧、电影，但它却能给人以一种正面情感的感染，在精神和文化方面的陶冶作用，有益于身心健康，建设精神文明。

这些特点决定了园林在思想内容和表现形式上相互适应的程度。这种形式也可以包含更广泛的思想内容。例如，中国传统园林既有玄学，又有文人士大夫的思想意识。大自然的园林形态，既可以表现帝王或封建文人的思想，又可以为社会主义精神文明建设服务。但这并不意味着它不能反映社会现实，也不意味着它的形式和内容会脱节。园艺型是特定历史条件下政治、经济、文化以及科技等各方面的产物，具有一定的时代精神风貌和审美情趣。在今天，无论是我国的社会制度，还是时代潮流，都发生了根本性的变化，生产关系和政治制度的巨大变革，新的生产力极大地推动着社会进步和文明发展，给人们的生活方式、心理特征、审美情趣和思想感情带来了深刻的变化。一种适应社会主义新时代的园林艺术形态，一种适应社会主义新时代的园林艺术形式，将在实践中发展和完善。

简言之，园林艺术主要研究园林创作的艺术理论，包括园林作品的内容与形式、园林景观设计的艺术构思与总体布局、园景创作的各种手法、各种形式构成的各种原则在园林中的运用等。

（二）园林美

要研究园林艺术，首先要懂得什么是美，什么是园林美。关于美的问题涉及哲学范畴，已有许多美学专著可供参考。在这里提出三个概念，将有助于对美的理解。第一，在公元前 6 世纪，古希腊的毕达哥拉斯学派认为："美就是一定数量的体现，美就是和谐，一切事物凡是具备和谐这一特点的就是美。"这一论点对以后西方文艺产生过深远的影响。第二，德国黑格尔（1770—1831）认为"美是理念的感情显现"，并且辩证地认为"客观存在与概念协调一致才形成美的本质"，这种思想成为马克思主义的美学理论来源之一。第三，"美是一种客观存在的社会现象，它是人类通过创造性的劳动实践，把具有真和善的品质的本质力量在对象中实现出来，从而使对象成为一种能够引起爱慕和喜悦的感情的观赏形象，就是美"。辩证唯物主义美学家认为，没有美的客观存在，人们不可能产生美感，美存在于物质世界中。马克思认为，任何物种都有两个尺度，即任何物种的尺度和内在固有的尺度。这两个尺度都是物的尺度，是相对而言的。内在固有的尺度是指物的内在属性，内在特征。那么与之相对的任何物种的尺度是指物的外部形态，特定的具体物质形态。它作为特定物所特有的属性，这个属性不是它的共性、种属性所包括了的。例如，黄河除了具有河流的共同属性外，还有它自己的特点，像水流浑浊，泥沙严重淤塞，有些地方成为地上河等。因此我们认为马克思所说的两个尺度的关系，就是物的个性与种属性、现象与本质、形式与内在两个方面的美的条件关系，美的规律就是这两个方面的高度统一的规律。这种对立的统一关系是处于永远不停顿的运动变化状态。因此，对于同类一系列的个别事物来说，各自两者之间的关系是不平衡的，有的两者之间统一的面占优势，呈现出事物美的一面，有的两者之间对立面占优势，则呈现出事物丑的一面，有的只达到一般的统一，则事物呈现平庸。因此，通过对事物的这种关系属性的研究，可以给"美"下个定义：美是事物现象与本质的高度统一，或者说，美是形式与内容的高度统一，是通过最佳形式将它的内容表现出来。

1. 自然美

凡不加以人工雕琢的自然事物如泰山日出、钱江海潮、黄山云海、黄果树瀑布、云南石林、贵州将军洞等，或其声音、色泽和形状都能令人身心愉悦，产生美感，并能寄情于景的，都是自然美。

自然之美源于自然，唐代文学家柳宗元在《邕州柳中丞作马退山茅亭记》一文中提到"夫美不自美，因人而显"。自然风景美是客观存在的，离开了人就没有美，只有和人有了联系，才有美和丑的区别。黑格尔说："……生活这一自然事物之所以美丽，既不在于它本身，也不在于它为了展示美。"自然美就是为别的事物而美，也就是说，为我们美，为审美意识而美。这种观点和柳宗元的看法相近。自然之美体现着人们的审美意识，只有与人发生关系的自然，才能成为审美对象。

自然美美在哪里？自然界的事物并不是一切皆美的，只有符合美的客观规律的自然事物才是美的。例如，孔雀比野鸡美，梅花比桃花美，熊猫比狗熊美，黄山比五岳美，金鱼比鲤鱼美，虽然前者与后者所构成的物质基本一致，但是形象与形式不完全一样，前者的形式比后者更符合美的法则，因此，美在形式。宇宙无穷事物，美的毕竟是少数，所以世界著名的风景名胜并不甚多，作为自然之子的我国10多亿人口，在人体结构形式上，符合美的形式法则者，也是不多见的。自古以来，著名的美人也是屈指可数的。世界各地，虽然都有日月、山水、花草、鸟兽，但国内外游客还是不惜金钱，不辞辛苦，千里迢迢到泰山日观峰，去欣赏旭日东升，舟游长江三峡，去欣赏两岸的峭壁陡峰和那汹涌的波涛，目的是愉悦耳目，猎取自然的形式美。

自然美包含着规则和不规则的两种自然形式，例如，在花岗岩节理发育的地貌中，岩体被分割成许多平面呈矩形的岩块，风化严重者呈球形。在英国北爱尔兰安特令郡海岸的巨人堤，由4万多根石柱聚集而成，堤身伸展出海，望而不见终端，石柱大部分呈完全对称的六边形，也有四边、五边或八边形的，从空中俯瞰石柱，宛如铺路石子，排列得整整齐齐。这是由于在8000多万年前地壳剧烈变动，使不列颠群岛一股玄武岩岩浆涌上地面，形成洪流，流向大海，冷却收缩而成，为当今世界奇观之一。绝大多数植物的叶和花都是对称的，而整个植株的形象却呈不规则状，这都说明规则的形式常寓于不规则形式之中，反之亦然。规则的与不规则的两种自然形式与形象共存于一个物体之中，几乎是普遍现象，如地球是椭圆的，但它的表面呈现高山、平地、江河湖海等，到处都凹凸不平，曲折拐弯。有些树木冠形整齐，但它的枝叶却并不规则，如铅笔柏、中山柏等。有人认为，自然美是高级阶段的美，规则美是低级阶段的美，这从人们审美的发展过程来说也许是对的。因为当时慑于大自然威力的人们，不会对莽莽丛林和浩瀚大海产生美感。但从美的本身来讲，并不能说明规则的美比不规则的美低级。美与不美是相对的，只要能引起美感的事物都是美的，但是美的程度是比较而言的。太阳和月亮在人们的心目中都是圆的，圆就是规则的形象，也是完美的象征。大多数的花都是对称的，它们都是天然生成，当然是自然美。被艺术家誉为最美的人体，是绝对对称的，如果某人某部分出现不对称现象，就被称为畸形或者病态。因而我们不要认为不规则的美是高级的美，规则美是低级的美。不论规则还是不规则的形式或形象都来自自然，只要这些形式或形象及其所处的环境具有和谐的特点，便都是美的。著名雕塑家罗丹说"自然总是美的"，"一山自有一山景，休与他山论短长"，所以规则与不规则的形体从来没有彼美此丑或彼高此低的区别，不可以做简单粗暴的判断，它们都是美中不可缺少的形式与形象。由规则和不规则的形体结合在一起，更为生动，既不显杂乱，又不显呆板。人体是绝对对称的，但如今的发式与衣着却往往是不对称的，因而显得活泼与潇洒的人在翩翩起舞时，舞蹈动作大多不对称，却显得异常生动，富有动态美。

总而言之，自然美包含着规则和不规则两种形式，本来是一种由大到小，另一种是由大到小，只要结合呈现出和谐，再由不规则构成。例如举世闻名的万里长城、埃及金字塔、长江上的一座水坝，以及位于地球上的各个城市和村庄，都为大自然增添了更多的魅力。认识这一缘由，便可以创造更美好的世界。这种规则就是将规则和不规则两种形式结合起来，不采用过渡形式，也能达到统一的根本原因。

常见的自然美,有日出与日落、朝霞与晚霞、云雾雨雪等气象变化和百花争艳、芳草如茵、绿荫护夏、满山红遍以及雪压青松等植物的季相变化;哪个不是园林中的自然美。以杭州西湖为例,它有朝夕黄昏之异,风雪雨雾之变,春夏秋冬之殊,呈现出异常丰富的气象景观。前人曾言:"晴湖不如风湖,风湖不如雨湖,雨湖不如月湖,月湖不如雪湖。"西湖风景区呈现出春花烂漫、夏荫浓郁、秋色绚丽、冬景苍翠的季相变化。西湖瞬息多变,仪态万千,西湖的自然美因时空而异,因而令人百游而不厌。

气象景观和植物的季相变化,是构成园林自然美的重要因素。除这两种变化外,还有地形地貌、飞禽走兽和水禽游鱼等自然因素的变化:如起伏的山峦、曲折的溪涧、凉凉的泉水、啾啾的鸟语、绿色的原野、黛绿的丛林、烂漫的山花、馥郁的花香、纷飞的彩蝶、奔腾的江河、蓝色的大海和搏浪的银燕等,这些众多的自然景观,无一不是美好的。这种美,自然质朴、绚丽壮观、宁静幽雅、生动活泼,非人工美所能模拟。

在一些以拟自然美为特征的江南园林中,有一些对自然景色的描写,如"蝉噪林愈静,鸟鸣山更幽""爽借清风明借月,动观流水静观山""清风归月本无价,近水远山皆有情"等诗句,只不过是对拟自然美的艺术夸张,然而却是对自然美的真实写照。

2. 生活美

园林作为一个现实环境,必须保证游客在游览时感受到方便和舒适。要做到这一点,首先要保证环境卫生,空气清新,水体清洁,排除一切异味;其次,要有宜人的环境;第三,要避免噪音;第四,植物种类要丰富,生长茂盛;第五,要有便利的交通,完善的生活和福利设施,适合园林的文化娱乐活动和美丽安静的休息环境;第六,要有可挡烈日、避暑、供休息、观赏的建筑物。在现代社会,人们建造园林、开辟风景,主要是创造机会,让人们亲近自然,享受自然的阳光、空气和独特的自然美。自然舒展身心,消除疲劳,有益于健康。但它毕竟不同于原始的自然与自然保护区，它必须保证生命美的六个方面，方能使园林增色，相得益彰，更能吸引游人。

3. 艺术美

人们在欣赏和研究自然美、创造生活美的同时，孕育了艺术美。艺术美应是自然美和生活美的拔高，因为自然美和生活美是创造艺术美的源泉。存在于自然界中的事物并非一切皆美，也不是所有的自然事物中的美，都能立刻被人们所认识。这是因为自然物的存在不是有目的地去迎合人们的审美意识，而只有当自然物的某些属性与人们的主观意识相吻合时，才为人们所赏识。因而要把自然界中的自然事物，作为风景供人们欣赏，还需要经过艺术家们的审视、选择、提炼和加工，通过摒俗收佳的手法，进行剪裁、调度、组合和联系，才能引人入胜，使人们在游览过程中感到它的完美。尤其是中国传统园林的造景，虽然取材于自然山水，但并不像自然主义那样，把具体的一草一木、一山一水，加以机械化模仿，而是集天下名山胜景，加以高度概括和提炼，力求达到"一峰山太华千寻，一勺水江湖万里"的神似境界，这就是艺术美，康德和歌德称它为"第二自然"。

还有一些艺术美的东西，如音乐、绘画、照明、书画、诗词、碑刻、园林建筑以及园艺等，都可以运用到园林中来，丰富园林景观和游赏内容，使对美的欣赏得到加强和深化。

生活美和艺术美都是人工美，人工美赋予自然，不仅有锦上添花和功利上的好处，而且可以通过人工美，把作者的思想感情倾注到自然美中去，更易达到情景交融，物我相契的程度。

园林美应以自然美为特征，与艺术美、生活美高度统一，要服务于社会主义事业，让人民群众喜闻乐见；要切实贯彻"古为今用、洋为中用"的方针，认真研究继承我国优秀的园林艺术遗产，同时吸取国外的成果，努力创造出具有民族形式、有社会主义内涵的园林艺术新风格，不断提高园林景观设计水平。

二、园林功能

园林通常都是开放性的公共空间，它为人们提供的基本功能包括休憩、游玩、美化、改善环境等。

（一）园林的游玩、休憩功能

游玩、休憩是园林所具备的基本功能，也是最直接、最重要的功能。在进行园林规划时，设计师要首先满足园林对公众游玩、休憩的功能。一般情况下，在园林中的游玩、休憩活动主要有运动游戏、文化、观赏、休闲几种。像露天舞会、庙会等就属于文化的范围；下棋、日常身体锻炼就属于运动、游戏的范畴。

（二）园林的美化功能

园林作为城市里开放性的环境绿化场所，拥有大量的植被和水体，与城市的建筑完美结合，造就了一道亮丽的风景线。同时，园林的美化作用还和人们对自然美、社会美、艺术美的鉴赏力和感受力有关。园林不断地创新美，更提高了人们对美的追求，培养了城市人民的高尚情趣。

（三）园林改善环境的功能

园林中大面积的植被和绿化能够改善城市中不良的空气状况，还能够降低辐射、防止水土流失、调节区域气候、减低噪声污染等。

（四）园林促进城市经济发展的功能

园林美化功能、改善环境功能可以使园林更具价值，从而引起投资者的注意，从而提高土地价值，促进区域经济发展。

第二节 景观及中国园林景观

一、景观的含义

对于景观，不同的专业学者有不同的观点。哈佛大学景观设计学博士、北京大学俞孔坚教授从景观的艺术性、科学性、场所性、符号性等方面揭示了景观的多层含义。

(一) 景观的视觉美含义

如果从视觉这一层面来看，景观是视觉审美的对象，同时，它传达出人的审美态度，反映出特定的社会背景。

景观作为视觉美的感知对象，因此，那些特具形式美感的事物往往能引起人的视觉共鸣。同时，视觉审美又传达出人类的审美态度。不同的文化体系，不同的社会阶段，不同的群体对景观的审美态度是不同的。如17世纪在法国建造的凡尔赛宫，它基于透视学，遵循严格的比例关系，是几何的、规则的，这是路易十四及其贵族们的审美态度和标准。而中国的古代帝王和士大夫以另一种标准——"虽由人作，宛自天开"来建造园林表达出封建帝王们对于自然的占有欲望。

景观在视觉这一层面上，是视觉审美对象，同时，它传达出的审美态度，反映了特定的社会背景。

(二) 景观作为栖居场所的含义

通过哲学家海德格尔的栖居概念我们可以了解到：栖居的过程实际上就是人与自然、人与人之间的和谐互动过程。所以，作为居住场所的景观，就是大地上人与自然、人与人之间关系的反映。就像湘西侗寨，俨然一个世外桃源，它是人与这片大地的自然环境，以及人与人之间经过长期的互动过程形成的。要对景观有深刻的认识，就必须解读其作为一个人的生存场所的意义。以下先介绍一下场所。

场所由空间的形式和空间中的物质元素两个部分组成，可以说是场所的物理属性。由此，场所特征是由空间的形态特征和空间中物质元素的特征所决定的。

场所有两个主要的功能：定位和认同。定位是找出在场所中的位置。假如空间的形式特色鲜明，物质元素也很有特色和个性，那么它的定位功能就强。认同就是使自己归属于某一场所，只有当你适应场所的特征，与场所中的其他人取得和谐，你才能产生场所归属感、认同感，否则便会无所适从。

场所是随着时间而变化的，也就是说场所具有时间性。它主要有两个方面的影响因素，一是由于自然力的影响，例如：四季的更替、昼夜的变化、光照、风向、云雨雾雪露等气候条件；二是人通过技术而进行的有意识的改造活动。

（三）景观作为生态系统的含义

从生态学的角度来看，在一个景观系统中，至少存在着五个层次上的生态关系：第一是景观与外部系统的关系；第二是景观内部各元素之间的生态关系；第三是景观单元内部的结构与功能的关系；第四种生态关系存在于生命与环境之间；第五种生态关系则存在于人类与其环境之间的物质、营养及能量的关系。

（四）景观作为符号的含义

从符号学的角度来看，景观具有符号的含义。符号学是由西方语言学发展起来的一门学科，是一种分析的科学。现代的符号学研究最早是在 20 世纪初由瑞士语言学家索绪尔、美国哲学家和实用主义哲学创始人皮尔士提出的。1969 年，在巴黎成立了国际符号学联盟，从此符号学成为心理、哲学、艺术、建筑、城市等领域的重要主题。符号包括符号本体和符号所指。符号本体指的是充当符号的这个物体，通常用形态、色彩、大小、比例、质感等来描述；而符号所指讲的是符号所传达出来的意义。

景观同文字语言一样，也可以用来说、读和书写，它借助的符号跟文字符号不同，它借助的是植物、水体、地形、景观建筑、雕塑和小品、山石这些实体符号，再通过对这些符号单体的组合，结合这些符号所传达的意义来组成一个更大的符号系统，便构成了"句子""文章"和充满意味的"书"。

二、中国园林景观概述

中国是世界文明古国，有着悠久的历史，灿烂的文化，也积淀了深厚的中华民族优秀的造园遗产，从而使中国园林从粗放的自然风景苑囿，发展到以现代人文美与自然美相结合的城市园林绿地。中国优秀的造园艺术及造园文化传统，以东方园林体系之渊源而被誉为世界"园林之母"。学习园林规划设计，必先了解中国园林的发展历史，汲取其成果与优良传统，才能继承、创新和发展。

（一）中国古代园林

从有关记载可知，中国园林的出现与游猎、观天象、种植有关。从生产发展来看，随着农业的出现，产生了种植园、圃；由人群围猎的原始生产到选择山林圈定游猎范围，从而产生了粗放的自然山林苑囿；为观天象、了解气候变化而堆土筑台，产生了以台为主体的台囿或台苑。从文化技术发展来看，园林应该比文字与音乐产生更早，而与建筑同时产生，殷墟出土的甲骨文中，就有园、圃、囿、庭等象形字。从时代、社会发展来看，在夏、商奴隶社会时就先后出现苑、囿、台。据《史记集解夏本纪》注："夏桀有宫室无常，池囿广大"，公元前16世纪之前夏代已有池圃。

中国园林的发展历史，大都按朝代、历史时期来阐述，下面从园林绿地规划角度，按中国园林的主要构成要素风格来简述中国古代园林的发展过程。大致分为：自然风景苑囿、以建筑为主的山水宫苑、自然山水园、写意山水园、寺观园林、陵墓园、府园、庭园等。

1. 自然风景苑囿

中国园林的雏形苑囿，起初有区别，分别为两种园。苑，以自然山林或山水草木为主体，畜养禽兽，比囿规模大，有墙围着：帝皇在城郊外所造规模大的园均称为"苑"，如秦汉上林苑，内容丰富，以人工风景为主，已非仅有的自然风景。囿，以动物为主体，乃后世动物园之滥觞，初比苑小，无墙。后据《毛传》注《诗经·灵台》篇称："囿，所以养禽兽也。天子百里，诸侯四十里。"可见当时囿与苑已无大小之别。到了汉代，将苑囿合为一词，专指帝皇所造的园。自然风景苑囿是中国园林的雏形，以自然风景为主体，配以少量的人工景观，有一定的范围或设施。苑囿内山水、台沼、动植物、建筑物等园林的基本要素都已初步具备。其功能是专供天子或诸侯游猎、娱乐等。

从片段史料看，自然风景苑囿有夏桀的池园，商汤的桑林与桐宫，殷纣王的沙丘苑与鹿台，殷末周初的文王之囿，西周及春秋战国时各诸侯的苑囿等。其中文王之囿，在《诗经》中的记述较具体一些。据《灵台》诗所述，文王之囿由人工开凿建造而成。建有灵台、灵沼、灵囿、辟雍四大区。文王之囿是自然风景苑囿发展到成熟时期的标志，也是最有影响的人工造园的开端。从《灵台》诗及注释中反映出当时已有今天所说的园林立意、规划、审美思想，并以其独有的文化载体（《灵台》诗及相关记载）成为中国造园传统思想、格局、特色的典范。

2. 以建筑为主的山水宫苑

山水宫苑是以宫廷建筑为主体，结合人工山水、动植物而建成的园，初称离宫别馆，后称宫苑（禁苑）、御园、行宫等。而建筑逐渐与山水（人工山水）景观结合，发展为山水宫苑，与写意山水园仅有建筑物多少的差别。一般造园史将其称作皇家园林，单以"皇家"所属分类，似过宽泛而失园之本体。山水宫苑，按园址处都城内外，又分作内苑、外苑。宫苑及部分御园，均为内苑，离宫别馆、行宫，均为外苑。

以建筑为主的山水宫苑是历代帝王园林经历漫长发展的过程。春秋战国时各诸侯国都有宫苑，最有名的是春秋时（公元前433年之前）吴王夫差在今江苏吴县灵岩山所建姑夫台与离宫。之后有战国末期秦惠文王及秦始皇在上林苑所建的阿房宫，始皇所扩建及增建的咸阳宫、新宫、信宫等。而后，有汉代所建的上林苑、建章宫，曹魏所建邺城铜雀园（西园）、芳林苑；魏文帝于洛阳所建芳林苑。东晋时期，南京（建康）造华林园。隋炀帝登基后于洛阳建西苑，于扬州建行宫、迷宫等。唐于长安建内三苑（西内苑、东内苑、南内苑）与禁苑，并在城外东南隅建曲江池、芙蓉园、乐游园，在洛阳将隋炀帝西苑改建为神都苑等。北宋时，都城内园池不下520余座，更有大内后苑。南宋都城建于江南临安，民族灾难深重，而各代帝皇仍大兴宫殿、苑囿建设，宫城内建有南内苑、北内苑，其外亦建诸多御园。明清时期园林分两支：一支为皇家山水宫苑，以三海西苑、故宫、圆明园、颐和园、承德避暑山庄为代表。下面对各历史阶段园林的发展状况做简单分析。

春秋（公元前473年）之前，吴王夫差在灵岩山十余里尽修苑囿，又在宫中建海灵馆、馆娃阁、铜钩玉槛，楹槛饰以金玉，华丽至极。"山中作天池，于池中泛青龙舟，舟中盛陈妓乐，日与西施为水嬉。"可见当时宫殿与人工山水已结合较紧密。

秦始皇统一中国后，大兴土木。《史记·始皇本纪》中载："秦每破诸侯，写仿其宫室，作之咸阳北陂上。南临渭，自雍门以东至泾渭，殿阁复道，周阁相属。""东西八百里，南北四百里，离宫别馆相望联属。"可见规模之宏大，宫廷建筑之盛。同时，咸阳城内，先作咸阳宫，又作新宫，跨渭水南岸，继作信宫。更在上林苑中建阿房宫，以及甘泉宫、兴乐宫、长杨宫等300余处。八百里秦川布满宫廷建筑群。

　　秦代所建上林苑中离宫别馆与城内宫殿，是汉代宫廷园的基础，汉许多宫廷园苑是据此改造而成的。刘邦建立汉朝，先以秦兴乐宫为朝宫，改称为"长乐宫"，后建未央宫、北宫。未央宫城内建宫殿43处，掘水池13处，堆山6座，以建筑为主的人工山水风景蔚为壮观。汉武帝时又大兴宫殿建筑，建有宫苑12处，以建章宫为首。宫西北筑太液池，池中筑蓬莱、方丈、瀛洲三岛，像海中神山。这种"池三山"的造园手法开创了我国人工山水布局之先河，为后世所仿效。

　　东汉末曹操在邺城建铜雀园（西园）和铜雀、金凤、冰井三台，同时还保留着浓厚的建筑宫苑传统成分。但在邺城北郊建的芳林苑则完全尊重自然，在山川明秀的风景胜地，放养着许多珍禽奇兽，保持了一定的苑囿气息。东晋至南朝末，以建康（今南京）为都城，南京成为我国南方的造园中心。宫苑以华林园最为著名，此园与洛阳华林园同名，以建筑为主，正殿名"华光"，亦有景阳山、台。东晋始建，宋、齐、梁、陈先后有修建、扩建。

　　魏晋至北魏，洛阳造园一直不断，为我国北方的造园中心。北魏时，帝皇、皇族、越官更是争修宫苑、园宅，乃至互相竞夸，所以建筑艳丽华奢，人文与自然景观都有很大发展。魏文帝曹丕于黄初二年（221年）建西游园，筑有凌云台，上建八角井，名"明光殿"。北魏孝文帝元宏在殿北建凉风观，台东建室慈观。魏文帝还于洛阳建芳林苑，后改为华林园，其中人工山水与建筑配置非常协调、紧密，造有景阳山、天渊池诸景，其中以景阳山最著名。

　　隋炀帝登基后，于洛阳建西苑。西苑周长100千米，墙周也达63千米。苑东与宫城的御道相通，夹道植长松高柳，开行道树之先。全苑规划布局，虽然以水体为主，开有五湖一海，且苑周环水，象征四海环绕，周通天下之意，但是建筑仍然占主导地位。西苑建筑分为16个院区，北海三岛上亦有建筑，为宿苑，并与写意山水构成一体。隋炀帝还于扬州建迷宫

（即迷楼）及随园（又称上林苑）为行宫。

　　唐代是我国历史上政治、经济、文化及对外贸易、交流最繁荣、社会全面发展的一个时期，也是我国造园全面兴盛与发展的一个时期。唐代的造园思想、艺术、规划、布局不仅全面继承、综合了前代造园的优秀传统，而且有新的创造、发展，造园普及且类列多样，历史著作、文学作品记载丰富，流传久远，影响巨大。唐以隋朝大兴城为都城，后改名长安，以洛阳为陪都（称东都），长安与洛阳为唐代的造园中心。现以唐大明宫为例做简单介绍。大明宫在城北禁苑之东，唐太宗时建，供高祖李渊避暑所居。前为建筑，有含元殿，后为水体，称太液池，池中有一岛，名"蓬莱山"，上有蓬莱宫，承前宫后苑传统之制。建筑呈中轴对称布局，中轴线上前后分别为含元殿、宣政殿、紫宸殿，两侧排列着对称的配殿，显得高崇庄严。含元殿的地形处理很有特色，殿建在龙首山高地上，前筑一道，逶迤七转，像龙尾垂地，称为"龙尾道"，具有独创性。

　　宋代宫苑又有新的发展，以改造地形、诗情画意的规划设计为主，写意山水成为显著特色，如艮岳，将在写意山水园一节讲述，此处仅将北宋、南宋城内宫苑略做介绍。北宋时期在汴京的园池很多，有名望的不下20余处，如金明池、芳林园、琼林苑、迎春苑、宜春苑、牧苑、蓬池、迎祥池、方池、莲花池、凝碧池、同乐园、玉津园等。其中金明池、琼林苑、宜春苑和玉津园号称汴京的"四大名园"。金明池位于汴京城西郊门外，池周九里。后周时凿池，引金水河注池，用以习水战。宋太宗时亦用以教习水军或做嬉水之用。宋徽宗时在金明池南门内建有许多殿宇。池中筑方洲，方洲与南岸相连有仙桥，状如彩虹，朱栏雁柱，十分美观。池中建有水殿，池南建有宝津楼于高台之上，宽一百丈（长度单位，1丈相当于今天的3.3米）。宝津楼南还有宴殿，西有射殿和击球场所，池北有船坞，池周有围墙，四面设门，四周陆地芳草鲜美、槐树成荫。皇帝常来此游玩嬉水。

　　南宋建都临安（今杭州），临安成为南方造园中心。宫城内建有南内苑、北内苑。南内苑就凤凰山麓自然地形造园，随山势高低建有聚远楼、远香堂等十余处殿宇，还建有月榭和十余组亭子以及梅坡、芙蓉冈和松菊三径等。北内苑挖有大水池，引西湖水注池，池内叠石山象征飞来峰，沿池置亭台阁榭十余组。宫城西接凤凰山，此山甚美，状如龙飞凤舞，山上山下开辟许多景点，亭台布列其中，苍松翠柏遍山常青，四时花木分季开放。山景与内苑遥相呼应。

明清宫苑都为建筑艺术水平很高的山水宫苑，以北京为造园中心，向全国普及，是我国古代造园发展的鼎盛时期。自明至清，今存完好的北京故宫，是明清文化的宝库；故宫两边的西苑（今为中南海、北海）是明清著名的山水宫苑；故宫后的御花园，沿袭古代"前宫后苑"旧制，规模不大，都是今存宫苑的精品。

西苑，又称三海（南海、中海、北海）御园，原为元代宫苑，明代开始修建、增建、扩建，一直至清代康熙、乾隆年间。西苑面积广大，山水处理自然得体，苑中有园，丰富多变，富有诗情画意。

清代康乾盛世，造园也极其兴盛，仅北京西郊就造有"三山五园"，外地更有许多行宫，尤以河北承德避暑山庄为最。其造园艺术与水平达到了我国古代造园的顶峰，为我国造园艺术之集大成，而且善于、巧于融合南北造园风格及西方造园艺术于一体，有新的发展与创造。今基本保存的有北京颐和园（原名清漪园）、承德避暑山庄，而仅存遗址、遗物的为圆明园。同时，还留有完整而丰富的园诗、园记等著作与园图（烫样）。清代帝皇郊园既是以建筑为主的山水宫苑，又是自然山水园和写意山水园的代表。

3. 自然山水园

自然山水园是以自然山林、河流、湖沼为主体的一类园林。魏晋至南北朝，历经360多年混战（220—589年），战火不断，民不聊生，而皇室则不顾人民疾苦，大建宫室，奢侈淫逸，士大夫阶层更是玄谈玩世、崇尚隐逸、寄情山水，从而对于自然美的欣赏水平有所提高，山水画、山水诗相继出现，这些思潮都给中国园林以潜移默化的影响。特别是南朝位于我国江南一带，这里山水秀丽，气候温和，园林植物资源丰富，更是得天独厚的有利条件。当时，达官贵人们游山玩水之风盛行，为了能随时享受大自然的山水野趣，私家自然式庭院应运而生，并逐步影响到宫室、殿宇，使皇家园林也转向以自然山水题材为主，形成南北朝时期的自然山水园。其中，最有代表性的自然山水园为南朝宋元帝修建的建康桑泊，即今天南京的玄武湖，以自然山水为主，只有少量建筑做些点缀。

明清皇家园林也沿袭了自然山水园的主要特征，承德避暑山庄就是个典型的例子。避暑山庄，位于承德北，距北京 200 千米以上。康熙帝出古北口到围场习武行猎途中发现此处风景极佳，于是在 1703 年"度高平远近之差，开自然峰岚之势"，开始建造避暑山庄，五年之后粗具规模。直到乾隆四十五年（1790 年）建成，前后历经 85 年。康熙建三十六景，以四字命题；乾隆建三十六景，以三字命题。避暑山庄周围 8 千米，以高大宫墙围合，占地 560 公顷。避暑山庄分山岳区、宫殿区、湖泊区和平原区四大区域，其中山岳区占 7/10 以上，而宫殿区不足 1/10，湖泊区和平原区各占 1/10 左右。自康熙之后，历代皇帝每到夏季在此避暑和处理朝政长达半年之久，因此这里也是清朝的第一个政治中心。

避暑山庄是皇家远离京都的避暑胜地，是造就自然山水清幽的天然地址加人工改造的自然山水宫苑，也是融南北风格于一体的艺术作品。在水景山景的艺术构思和境界创造方面都有独到之处。首次把全国园林艺术的精华向北推进到塞外，是一处可游可观可居的寓苑，也是清代重要的朝政场所。在艺术手法和工程技巧方面充分运用了多方因借和对比衬托的组景原则，从而达到情因景出、真假难分的艺术境界。

4. 写意山水园

写意山水园的出现比其他园林较晚。是我国造园发展到完全创造阶段而出现的审美境界最高的一类园林。一般为文人所造的私宅园，也有帝王所造的宫苑。南朝梁元帝（525年）以后的湘东，宋、齐、梁增建、扩建的南京华林园，北魏洛阳的西游园、芳林（华林）等都是写意山水园成熟的代表。宋代开封的艮岳为写意山水园发展到一定水平的典型代表。明清时期，我国江南文人写意山水园发展到了高峰。如南京的瞻园，扬州的个园、何园，上海的豫园、豫山园，苏州的拙政园、留园、网师园、沧浪亭等，这些文人写意山水园不仅具有极高造园艺术水平，而且至今还完整地或有遗迹保存着。下面以实例说明写意山水园的特征。

（1）立意明确意境

讲究造园立意是中国造园的优良传统。造园立意即造园的中心思想与情态，犹如作诗文的中心情意（主题）：常以园名、景名、楹联来揭示，以构景的形象、全园意境来表现，是造园者文化、思想、感情及审美观念的自然流露，也是写意山水园的功能特征和美学特征的集中体现，还是区别自然山水园，建筑为主的宫苑及庭园的主要标准。

如拙政园亦是苏州四大名园之一。明代御史王献臣用元代大宏寺的部分基地造园，取晋代潘岳《闲居赋》"拙者之为政"之意命名。面积62亩，分中、东、西三区，共有景31处。拙政园以水为主，山水相亲，建筑掩映在林木之间。水复湾环，山重起伏，廊曲回绕。山水建筑有聚有散、有分有合，幽旷明暗变化自然，内外互借或对比衬托，艺术手法极为巧妙，成为江南园林的一秀。

（2）取法自然又高于自然

写意山水园虽取于自然，而非照搬、复制。要从自然中选取模本，然后加以取舍、提炼，并再做改造、创造，将之分布于适宜之处。

取法自然，是"写意"之本，高出自然，是"写意"的创造。巧夺天工，必先"取法"，体物之情，然后化情于物，融情于景，创造出情景交融的园林。如北宋艮岳，取法于杭州的凤凰山，而宋徽宗又以"放怀适情，游心玩思"加以联想、想象，注进自己的思想感情，设计出蓝图，创造出超出凤凰山、规模巨大的一幅立体山水画图。又如传统的以山比仁德，以水比智慧，以柳比女性、比柔情，以花比美貌，以松、柏、梅比坚贞、比意志，以竹比清高、比节操，等等。

（3）多学科与艺术的综合运用

写意山水园，从思想角度来看，需综合运用哲学、历史学、伦理学；从构景角度来看，需综合运用地理学、气象学、植物学、建筑学；从艺术角度来看，需综合运用工程技术、文学技巧、绘画艺术、音乐艺术、雕塑艺术、书法艺术以及贯穿其中的美学。古代写意山水名园的创作者主持者大都全面具有或基本具有这些综合修养与能力。

在诸多综合因素之中，文化素养是基础，审美能力是根本，尤其对于诗、画、联的制作与雕塑、叠山以及景物、建筑的布局，没有很高的文化素养和很强的审美能力是难以胜任的。我国古时历代造园甚多，可成为名园的毕竟是少数，其主要的或根本的原因恐怕是文化价值与审美价值不高。

（4）精于布局，巧于因借

巧于因借，即巧妙的凭借园外景色的园林构图方法，对园外景色应"极目所至，俗则屏之，嘉则收之"。构园本无定格，而在于巧变与巧于借景，但园内要协调统一，园外要扩展空间、丰富景观，这是一条基本原则。计成称借景为"园林之最要者也"。

如寿山艮岳对于借景的运用是很成功的，内借外借，远近交辉，层次丰富而深远。主峰介亭四处皆见，临亭四望，远近之景，汴梁城尽收眼底。艮岳完全抛弃了中轴对称的格局，一切景点顺其自然布置，时起时伏、忽明忽暗、不拘常规、变化多端、主次分明、联属统一。宋徽宗在《艮岳记》最后写道："崖峡洞穴，亭阁楼观，乔木茂草，或高或下，或远或近，一出一入，一荣一凋，四面周匝"，"真天造地设，神谋化力，非人所能为者！"艮岳有从四面八方搜集而来的奇花异木上千种，放养珍禽奇兽无数。

金兵围城时，宋钦宗曾下令尽取艮岳中的山禽水鸟十万余只放在汴河之中，杀鹿千头供卫士食用。金兵攻破汴京时将艮岳破坏殆尽，还把太湖石北运到中都（北京）构筑琼华岛。一代园林杰作，遂在民族灾难之中化为乌有。

又如，颐和园也是精于布局，巧于因借的写意山水园代表，北依万寿山，南临昆明湖，占地323公顷。颐和园善用原有山水，发扬了历代宫苑的优秀传统并加以创造，构成自然山水与人工山水融为一体的写意山水园，为今存中国园林艺术之冠。左宫右苑，三山一池，苑中有园，宫殿取予规则，苑园取予自然，景点依山而筑、依水而设。万寿山南湖岛和玉泉山象征蓬莱、瀛洲和方丈，昆明湖象征太液池，以应东海仙境之说。更在东岸设铜牛，西岸立织女石，佛香阁居高穿云，借以象征天汉。颐和园集皇家宫苑之大成，创诗情画意于自然，展幻想之象于目前，是中华民族智慧凝结成的一块珍宝。

留园也是苏州四大名园之一，内容丰满，形式自然，运用多方因借，对比衬托，达到小中见大的效果。既是诗又是画，文风雅气极为清秀，是江南文人写意山水园的代表作品。

（5）庭园和府园

庭园、府园，又称宅园、府第园，原为私人所建，将住宅与园林景观合为一体，具有栖息与游观功能。一般常住为主的称宅园、府园或山庄，而另外建造的称别业、别墅，或称庄园；游观为主的，则称花园、园池或小园。

庭园、府园始于何时，已不可考，但最初与"五亩之宅树之以桑"的菜园、果圃、林园必有密切关联。有史料记载、墓壁画图像的，汉代住宅已有回廊、阁道、望楼及园林等，宅与园已合为一体，如西汉梁王的兔园（又称梁园、梁苑），巨商袁广汉所建园（袁广汉园）等。魏晋南北朝时，庭园、府园已经兴盛，如东晋石崇（季伦）的金谷园，南朝谢灵运的会稽山庄（又叫山居），而北朝时的洛阳，更是"争修园宅，互相竞夸"，除建筑外，高台芳树，花林曲池，"家家而筑"，"园园而有"，"莫不桃李夏绿，竹柏冬青"。唐以后至清代，庭园、府园发展更快、更普遍，而且以人文景观、写意山水为主流，名园众多，园诗、园记等作品浩繁，蔚为中国古代文化艺术的又一大观。

庭园、府园的风格与艺术特色多种多样，多数庭园、府园的构景与总体风格属写意山水园，以人工景观、创造诗情画意为主，山庄或庄园，基本属自然山水园或乡村田园。按地区风格、特色大体分为北京宅园、江南庭园、岭南庭园、川西园林。

北京宅园：北京宅园为明清两代王公、贵族、达官、文士所建，据载明代著名的有 50 多处，清代著名的有 100 多处，今存完整的或留有部分、遗址的有 50 余处。其基本特点是：第一，设计思想是满足物质、精神享受与追求气派、显示政治地位相结合，与江南园林超凡脱俗有明显区别。但明、清又有所不同。明代以写意山水、借景为主，善用水景、古树、花木来创造索雅而有野趣的意境，如米万钟勺园（今为北京大学的一部分）、张维贤英国新公园，都善用水景，并借园外山、水、林、田等景色。清代以建筑为多，趋于繁琐富丽。今存的有恭王府花园，前有中、东、西三组院落，后有萃锦园；院落也以山水、峰石（飞来峰）相配，但建筑为多，且华丽。第二，以得水为贵，郊区近水系而建，城内则缺水源，仅挖小池，叠石多为小品，特置供赏。第三，布局受四合院及宫苑影响，成中轴对称，空间划分量少而面积大，缺乏江南庭园的幽深曲折的变化。

江南庭园：江南庭园特指江浙一带的庭园，而不是一般所称长江以南地区。其地理、气候条件优越，文人名士荟萃，所建园林及其理论、艺术，古今以来影响深远。北宋以后成为我国园林的主流。归纳起来江南庭园有三大特点：第一，建筑风格淡雅朴素，即所谓文人园风格，书卷气较重。厅堂随意安排，结构不拘定格，布局自由而多变化，亭榭廊槛曲折宛转，幽雅而又清新洒脱。这种风格多为寺庙、府衙、会馆、书院乃至宫苑所师法，清代乾隆尤善仿效，如仿无锡寄畅园，建颐和园内谐趣园。第二，以叠石理水为园林主景，形成咫尺山林的意境。叠石，以太湖石、黄石、宣石、锦川石等制作成假山。今存有名的假山，如苏州狮子林的狮子峰、上海豫园大假山的玉玲珑、苏州留园的冠云峰、苏州十中假山池塘内的瑞云峰、杭州植物园内的绉云峰都是江南名石叠成。理水，对园中水景的处理，以不同水型配合山石、花木、建筑组成统一的景观。"山得水而活，水得山而媚"。我国传统园林的理水，是对自然山水特征的概括、提炼和再现，具有再创性和小中见大、以少胜多的艺术效果。江南庭园的理水也很著名，如无锡寄畅园的八音涧，绍兴兰亭的"曲水流觞"，苏州沧浪亭、网师园中的水景等，都是园林中理水的杰作。第三，花木繁复，布局有法。江南雨量丰沛、气候温和，造园植物资源丰富，加上园艺师的精心培育，所以园内四季常青、景色瑰丽。其布局以自然为宗，而又有章法，花、木、竹乔、灌、丛色香味、果，交相配合，巧妙布置，构成或幽雅或清丽或淡朴的景观意境。如苏州拙政园的植物配置，匠心独运，为江南古典园林的典范。

岭南庭园：指广东中部、东部的清代古典园林，以岭南三大古典名园即顺德县清晖园、番禺县馀荫山房、东莞县可园为代表。共同特点是具有古典园林的传统风格与地理、气候自然特色和乡土文化息。如可园是"连房广厦"式庭园的典型，其楼房群体有聚有散、有起有伏，回廊逶迤，轮廓多变，多透视角度创造庭园空间、环境，构成意境，堪称古代宅园中罕见的优秀作品。

川西园林：指以成都平原为中心的四川西部园林，以其独特的自然地理、气候条件与优秀的文化传统，形成了文、秀、清、幽的风貌与飘逸风骨的特色。文，指园林与著名文人有关，蕴含着浓郁的文化气质。如杜甫草堂，望江楼（为唐代女诗人薛涛而建）。秀，指园林以清简为胜，小巧秀雅，石山少而水岸直。清，指以水面取胜，水面空间变化与虚实对比得当。幽，指植物繁茂，建筑平均密度小，显得幽深、静谧。总之，川西园林具有相当强烈的自然山水园古朴风格。

（二）中国近、现代公园

中国公共园林出现较晚，自清末才开始有几处所谓的公园，也仅局限于租借地，为外国人所有。北京虽在皇家园林中开辟出一部分为市民游览，也只是古园林而已。杭州西湖虽有广阔的山水，但也主要为禁园、私园。全国各地因受国外城市公共绿地的启发和影响，有兴建公园和改善城市绿地的意图，但在民国前期，由于军阀连年混战以及帝国主义列强的侵略，社会处于黑暗之中，经济遭到严重破坏，国家不仅无力振兴公共园林，而且明清旧有园林也难以保存下来。真正的现代园林和城市绿化只有在中华人民共和国成立以后才开始快速地发展。清末至中华人民共和国建立之前半个多世纪，虽然不是我国园林的发展阶段，但却是一个关键性的转折时期。无论是外国输入或自建的，或者就其形式内容上看呈现着古今中外相混合的园林形式，但终究有了公园这类新型园林的出现，园林有了新的发展方向。此时也有的官僚军阀或富商巨贾兴建私园别墅，然而此时这种私园别墅已到了尾声阶段，公共园林正逐渐成为主流。

1. 中国近代公园

（1）租借地中的公园

这些公园为外商或外国官府所建，主要对洋人开放，已在 20 世纪初陆续被收为国有。目前还保存的主要有如下几处：上海滩公园亦称外滩花园，在黄浦江畔，建于 1868 年；上海法国公园，建于 1908 年，又称顾家宅院，现为复兴公园；虹口公园，建于 1900 年，在上海北部江湾路，现为鲁迅纪念公园；天津英国公园，建于 1887 年，现为解放公园；天津法国公园，建于 1917 年，现为中山公园。

（2）中国政府或商团自建的公园

1906 年，无锡地方筹资在惠山建起了第一个由中国人自己所建的公园，称"锡金公花园"。随后由国家或商团在全国各地相继自建了很多公园。如1910 年所建的成都少城公园，现为人民公园；1911 年所建的南京玄武湖公园；1909 年所建的南京江宁公园；1918 年所建的广州中央公园，现为人民公园；1918 年所建的广州黄花岗公园；1924 年所建的四川万县西山公园；1926 年所建的重庆中央公园，现为人民公园；还有南京的中山陵等中国人自己所建的公园。

（3）利用皇家苑园或官署园林经过改造的公园

这一时期在公园和单位专用性园林的兴建上开始有所突破，在引入西洋园林风格上有所贡献，对古典苑园或宅园向市民开放开始迈出一步，这些在园林发展史上是一次关键性的转折。如农坛，1912 年开放，现为北京城南公园；社稷坛，1914 年开放，现为中山公园；颐和园 1924 年开放；北海公园 1925 年开放；还有 1927 年开放的上海文庙公园等。此类园林绿地都是利用皇家苑园或官署园林改造成向公众开放的。抗日战争前夕全国大致有数百处此类公园，尽管在形式和内容上极其繁杂，但都面向市民。

2. 现代公园、城市园林绿化

中华人民共和国成立后，党和政府非常重视城市建设事业，在各市建立了园林绿化管理部门，担负起园林事业的建设工作，第一个五年计划期间，提出"普遍绿化，重点美化"方针，并将园林绿化纳入城市建设总体规划之中，在旧城改造和新工业城镇建设中，园林绿化工作初见成效，各种形式的公共绿地有了迅速发展。几乎所有大城市都建成了设施完善的综合性文化休息公园或植物园、动物园、儿童公园和体育公园等公共园林绿地。如北京的紫竹院公园、杭州的花港观鱼公园、上海的长风公园都是新中国成立初期营建起来的综合性公园。目前我国公园数量数不胜数，仅深圳一个城市就有 1000 多个公园，园林绿化已经达到了前所未有的高度。

第三节　园林景观的构成

园林景观的构成要素很多，下面主要从地形、水体、园林植物、园林建筑与小品、园路、园桥等几个方面进行分析。

一、地形

地形或称地貌，是地表的起伏变化，也就是地表的外观。园林主要由丰富的植物、变化的地形、迷人的水景、精巧的建筑、流畅的道路等园林元素构成，地形在其中发挥着基础性的作用，其他所有的园林要素都是承载在地形之上，与地形共同协作，营造出宜人的环境。因此地形可以看成是园林的骨架。

不同地形形成的景观特征主要有四种：高大巍峨的山地、起伏和缓的丘陵、广阔平坦的平原、周高中低的盆地。

山地的景观特征突出，表现在以下几方面：划分空间，形成不同景区；形成景观制高点，控制全局，居高临下，美景可尽收眼底；凭借山景。山，或雄伟高耸，或陡峭险峻，或沟谷幽深；或做背景，或做主景，都可借以丰富景观层次；山的意境美。例如，我国的古典园林"一池三山"的格局，源自传说中的蓬莱三仙岛，是人们对仙境的向往。地形在园林设计中的主要功能有如下几种：

(一) 分隔空间

可以通过地形的高差变化来对空间进行分隔。例如，在一平地上进行设计时，为了增加空间的变化，设计师往往通过地形的高低处理，将一大空间分隔成若干个小空间。

（二）改善小气候

从风的角度而言，可以通过地形的处理来阻挡或引导风向。凸面地形、瘠地或土丘等，可用来阻挡冬季强大的寒风。在我国，冬季大部分地区为北风或西北风，为了能防风，通常把西北面或北部处理成堆山，而为了引导夏季凉爽的东南风，可通过地形的处理在东南面形成谷状风道，或者在南部营造湖池，这样夏季就可利用水体降温。从日照、稳定的角度来看，地形产生地表形态的丰富变化，形成了不同方位的坡地。不同角度的坡地其接受太阳辐射、日照长短都不同，其温度差异也很大。例如对于北半球来说，南坡所受的日照要比北坡充分，其平均温度也较高；而在南半球，则情况正好相反。

（三）组织排水

园林场地的排水最好是依靠地表排水，因此通过巧妙的坡度变化来组织排水的话，将会以最少的人力、财力达到最好的效果。较好的地形设计，是在暴雨季节，大量的雨水也不会在场地内产生淤积。从排水的角度来考虑，地形的最小坡度不应该小于 5%。

（四）引导视线

人们的视线总是沿着最小阻力的方向通往开敞空间。可以通过地形的处理对人的视野进行限定，从而使视线停留在某一特定焦点上。

（五）增加绿化面积

显然对于同一块底面面积相同的基地来说，起伏的地形所形成的表面积比平地的会更大。因此在现代城市用地非常紧张的环境下，在进行城市园林景观建设时，加大地形的处理量会十分有效地增加绿地面积。并且由于地形所产生的不同坡度特征的场地，为不同习性的植物提供了生存的稳定性。

（六）美学功能

在园林设计创作中，有些设计师通过对地形进行艺术处理，使地形自身成为一个景观。再如，一些山丘常常被用来作为空间构图的背景。如颐和园内的佛香阁、排云殿等建筑群就是依托万寿山而建。它是借助自然山体的大型尺度和向上收分的外轮廓线给人一种雄伟、高大、坚实、向上和永恒的感觉。

（七）游憩功能

例如，平坦的地形适合开展大型的户外活动；缓坡大草坪可供游人休憩，享受阳光的沐浴；幽深的峡谷为游人提供世外桃源的享受；高地又是观景的好场所。另外，地形可以起到控制游览速度与游览路线的作用，它通过地形的变化，影响行人和车辆运行的方向、速度和节奏。

二、水体

（一）水体的作用

水体是园林中给人以强烈感受的因素，"水，活物也。其形欲深静，欲柔滑，欲汪洋，欲回环，欲肥腻，欲喷薄……"它甚至能使不同的设计因素与之产生关系而形成一个整体，像白塔、佛香阁一样保证了总体上的统一感，江南园林常以水贯通几个院落，收到了很好的效果。只有了解水的重要性并能创造出各种不同性格的水体，才能为全园设计打下良好的基础。

我国古典园林当中，山水密不可分，叠山必须顾及理水，有了山还只是静止的景物，山得水而活，有了水能使景物生动起来，能打破空间的闭锁，还能产生倒影。《画筌》中写到："目中有山，始可作树，意中有水，方许作山。"在设计地形时，山水应该同时考虑，除了挖方、排水等工程上的原因以外，山和水相依，彼此更可以表露出各自的特点，这是园林艺术最直接的用意所在。

《韩诗外传》对水的特点也曾做过概括："夫水者，缘理而行，不遗小，似有智者；重而下，似有礼者；蹈深不疑，似有勇者；漳防而清，似知命者；历险致远，卒成不毁，似有德者。天地以成，群物以生，国家以宁，万事以平，品物以正，此智者所以乐水也。"认为水的流向、流速均根据一定的道理而无例外，如同有智慧一样，甘居于低洼之所，仿佛通晓礼义；面对高山罩深谷也毫不犹豫地前进，有勇敢的气概；时时保持清澈，能了解自己的命运所在；忍受艰辛不怕遥远，具备了高尚的品德；天地万物离开它就不能生存，它关系着国家的安宁，对事物的衡量是否公平。由远古开始，人类和水的关系就非常密切。一方面饮水对于人比食物更为重要，这要求和水保持亲近的关系；另一方面水也可以使人遭受灭顶之灾，从上古的传说中我们会感受到祖先治水的艰难经历。在和水打交道的过程中，人们对水有了更多的了解。由《山海经》里可以看出古人已开始对我国西高东低的地形有了认识，大江大河"发源必东"，仿佛体现了水之有志。这种比德于水的倾向使后世在其影响下极为重视水景的设计。水是园林中生命的保障，使园中充满旺盛的生机；水是净化环境的工具。园林中水的作用，还不只这些，在功能上能造成湿润的空气，调节气温，吸收灰尘，有利于游人的健康，还可用于灌溉和消防。

在炎热的夏季通过水分蒸发可使空气湿润凉爽，水面低平可引清风吹到岸上，故石涛的《画语录》中有"夏地树常荫，水边风最凉"之说。水和其他要素配合，可以产生更为丰富的变化，"山令人古，水令人远"。园林中只要有水，就会焕发出勃勃生机。宋朝朱熹曾概括道："仁者安于义理，而厚重不迁，有似于山，故乐山。川知者安于事理，而周流无滞，有似于水，故乐水。"山和水具体形态千变万化，"厚重不迁"（静）和"周流无滞"（动）是各自最基本的特征。石涛说："非山之住水，不足以见乎周流，非水之住山，不足以里乎环抱。"道出了山水相依才能令地形变化动静相参，丰富完整。另外，水面还可以进行各种水上运动及养鱼种藕结合生产。

（二）水体的形态

无论中西方园林都曾在水景设计中模仿自然界里水存在的形态，这些形态可大致分为两类。带状水体：江、河等平地上的大型水体和溪涧等山间幽闭景观。前者多分布在大型风景区中；后者和地形结合紧密，在园林中出现得更为频繁。块状水体：大者如湖海，烟波浩渺，水天相接。园林里将大湖常以"海"命名，如福海、北海等。以求得"纳千顷之汪洋"的艺术效果。小者如池沼，适于山居茅舍，带给人以安宁、静穆的气氛。

在城市里是不大可能将天然水系移入园林中的。这就需要对天然水体观察提炼，求得"神似"而非"形似"，以人工水面（主要是湖面）创造近于自然水系的效果。

圆明园、避暑山庄等是分散用水的范例。私家大中型园林也常采用这类形式，有时虽水面集中，也尽可能"居偏"，以形成山环水抱的格局，反之如果过于突出则略显呆滞，难以和周围景物产生联系，而在中小型园林里为了在建筑空间里突出山池，水体常以聚为主。我们以颐和园后山的水体处理为例加以说明。

1. 颐和园后山的水体

相对而言，清漪园（今颐和园）后山的地形塑造要艰苦得多。上千米长的万寿山北坡原来无水，地势平缓，草木稀疏。山南虽有较大水面却缺乏深远感，佛香阁建筑群宏伟壮丽却不够自然，万寿山过于孤立，变化也不够，有太露之嫌。基于以上考虑，乾隆时期对后山进行大规模整治，其中心是在靠近北墙一侧挖湖引水，挖出的土方堆在北墙以南，形成了一条类似于峡谷的游览线。这项工程不但解决了前面遇到的问题，还满足了后山排水的需要，为圆明园和附近农田输送了水源，景观上避免了北岸紧靠园外无景可赏的弊病，可说是一举数得。这类峡谷景观的再现即使在皇家园林中也是很少见的，其独特的意趣常使众多游人流连于此，理水则是这种意趣能够得以产生的关键。

2. 其他园林中水体的处理形式

苏州畅园、壶园和北海画舫斋等处水面方正平直，采用对称式布局。

但常用对称式布局，有时又显得过于严谨。即使皇家园林在大水面的周围也往往布置曲折的水院。避暑山庄的文园狮子林，北海的静心斋、濠濮涧，圆明园的福海，颐和园的后湖以及很多景点都是如此。水的运动要有所依靠，画论中有"画水不画水"之说，意即水面应靠堤、岛、桥、岸、树木及周围景物的倒影为其增色。南京瞻园以三个小池贯通南北：第一个位于大假山侧面，小而深邃有山林味道；第二个水面面积最大，略有亭廊点缀，开阔安静；第三个水面紧傍大体量的水棚，曲折变化增多，狭处设汀步供人穿行，较为巧媚。三者以溪水相连，和四周景物配合紧凑。为使池岸断面丰富，可见仅大池四周就有贴水石矶，水轩亭台，平缓草坡，陡崖重路，夹涧石谷等几种变化，和廊桥、汀步、小桥组合在一起避免了景色的单调。

（三）理水

园林中人工所造的水景，多是就天然水面略加人工或依地势"就地凿水"而成。园林中水景有：

1. 河流

在园林中组织河流时，应结合地形，不宜过分弯曲，河岸应有缓有陡，河床有宽有窄，空间上应有开朗和闭锁。造景设计时要注意河流两岸风景，尤其是当游人泛舟于河流之上时，要有意识地为其安排对景、夹景和借景，留出一些好的透视线。

2. 溪涧

自然界中，泉水通过山体断口夹在两山间的流水为涧。山间浅流为溪。一般习惯上"溪""涧"通用，常以水流平缓者为溪，湍急者为涧。溪涧之水景，以动水为佳，且宜湍急，上通水源，下达水体，在园林中，应选陡石之地布置溪涧，平面上要求蜿蜒曲折，竖向上要求有缓有陡，形成急流、潜流。如无锡寄畅、园中的八音涧，以忽断忽续、忽隐忽现、忽急忽缓、忽聚忽散的手法处理流水，水形多变，水声悦耳，有其独到之处。

3. 湖池

湖池有天然人工两种，园林中湖池多就天然水域，略加修饰或依地势就低凿水而成，沿岸因境设景，自成天然图画。湖池常作为园林（或一个局部）的构图中心，在我国古典园林中常在较小的水池四周围以建筑，如颐和园中的谐趣园，苏州的拙政园、留园，上海的豫园，等等。这种布置手法，最宜组织园内互为对景，产生面面入画，有"小中见大"之妙。湖池水位有最低最高与常水位之分，植物一般均种于最高水位以上，耐湿树种可种在静水位以上，池周围种植物应留出透视线，使湖岸有开有合、有透有漏。

4. 瀑布

从河床纵剖断面陡坡或悬崖处倾泻而下的水为瀑，远看像挂着的白布，故谓之瀑布。国外有人认为陡坡上形成的滑落水流也可算作瀑布，它在阳光下有动人的光感，我们这里所指的是因水在空中下落而形成的瀑布。水景中最活跃的要数瀑布，它可独立成景，形成丰富多彩的效果，在园林里很常见。瀑布可分为线瀑、挂瀑、飞瀑、叠瀑等形式。瀑布口的形状决定了瀑布的形态。如线瀑水口窄，帘瀑水口宽。水口平直，瀑布透明平滑；水口不整齐会使水帘变皱；水口极不规则时，水帘将出现不透明的水花。现代瀑布可以让光线照在瀑布背面，流光溢彩，引人入胜。天气干燥炎热的地方，流水应在阴影下设置；阴天较多的地区则应在阳光下设置，以便于人接近甚至进入水流。叠瀑是指水流不是直接落入池中而是经过几个短的间断叠落后形成的瀑布，它比较自然，充满变化，最适于与假山结合模仿真实的瀑布。设计时要注意承水面不宜过多，应上密下疏，使水最后能保持足够的跌落力量。叠落过程中水流一般可分为几股，也可以几股合为一股。如避暑山庄中的沧浪屿就是这样处理的。水池中可设石承受冲刷，使水花和声音显露出来。大的风景区中，常有天然瀑布可以利用，但一般的园林，就很少有了。所以，如果经济条件许可又非常需要，可结合迭山创造人工小瀑布。人工瀑布只有在具有高水位置或人工给水时才能运用。

5. 喷泉

地下水向地面上涌谓泉，泉水集中、流速大者可成涌泉、喷泉。园林中，喷泉往往与水池相伴随，它布置在建筑物前、广场的中心或闭锁空间内部，作为一个局部的构图中心，尤其在缺水的园林风景焦点上运用喷泉，则能得到较高的艺术效果。喷泉有以下水柱为中心的，也有以雕像为中心的，前者适用于广场以及游人较多的场所，后者则多用于宁静地区，喷泉的水池形状大小可以多种多样，但要与周围环境相协调。喷泉的水源有天然的也有人工的，天然水源即是在高处设储水池，利用天然水压使水流喷出，人工水源则是利用自来水或水泵推水。处理好喷泉的喷头是形成不同情趣喷泉水景的关键之一。喷泉出水的方式可分长流式或间歇式。近年来随着光、电、声波和自控装置的发展，在国外有随着音乐节奏起舞的喷泉柱群和间歇喷泉。我国于 1982 年在北京石景山区古城公园也成功地装置了自行设计的自控花型喷泉群。喷泉水池之植物种植，应符合功能及观赏要求，可选择茨菇、水生鸢尾、睡莲二水葱、千屈菜、荷花等。水池深度，随种植类型而异，一般不宜超过 60 厘米，亦可用盆栽水生植物直接沉入水底。喷泉在城市中也得到广泛应用，它的动感适于在静水中形成对比，在缺乏流水的地方和室内空间可以发挥很大的作用。

6. 壁泉

其构造分壁面、落水口、受水池三部分。壁面附近墙面凹进一些，用石料做成装饰，有浮雕及雕塑。落水口可用善形、人物雕像或山石来装饰，如我国旧园及寺庙中，就有将壁泉落水口做成龙头式样的。其落水形式需依水量之多少决定，水多时，可设置水幕，使成片落水，水少时成柱状落，水更少成淋落、点滴落下。目前壁泉已被运用到建筑的室内空间中，增加了室内动景，颇富生气，如广州白云山庄的"三叠泉"就是这种类型。

三、植物

植物是一种特殊的造景要素，最大的特点是具有生命，能生长。它种类极多，从世界范围学看植物超过 30 万种，它们遍布世界各个地区，与地质地貌等共同构成了地球千差万别的外表。它有很多种类型，常绿、落叶、针叶、阔叶、乔木、灌木、草本。植物大小、形状、质感、花及叶的季节性变化各具特征。因此，植物能够造就丰富多彩、富于变化、迷人的景观。

植物还有很多其他的功能作用，如涵养水源、保持水土、吸尘滞埃、构造生态群落、建造空间、限制视线等。尽管植物有如此多的优点，但许多外行和平庸的设计人员却仅仅将其视为一种装饰物，结果，植物在园林设计中，往往被当作完善工程的最后因素。这是一种无知、狭隘的思想表现。一个优秀的设计师应该要熟练掌握植物的生态习性、观赏特性以及它的各种功能，只有这样才能充分发挥它的价值。

植物景观牵涉的内容太多，需要一个系统的学习。下面主要从植物的大小、形状、色彩三个方面介绍植物的观赏特性，以及针对其特性的利用和设计原则。因为一个设计出来的景观，植物的观赏特征是非常重要的。任何一个赏景者对于植物的第一印象便是对其外貌的反应。如果该设计形式不美观，那它将极不受欢迎。

(一) 植物的大小

由于植物的大小在形成空间布局起着重要的作用，因此，植物的大小是在设计之初就要考虑的。植物按大小可分为大中型乔木、小乔木、灌木、地被植物四类。

不同大小的植物在植物空间营造中也起着不同的作用。如乔木多是做上层覆盖，灌木多是用作立面"墙"，而地被植物则是多做底。

（二）植物的形状

植物的形状简称树形，是指植物整体的外在形象。常见的树形有：笔形、球形、尖塔形、水平展开形、垂枝形等。

（三）植物的色彩

色彩对人的视觉冲击力是很大的，人们往往在很远的地方就注意到或被植物的色彩所吸引。每个人对色彩的偏爱以及对色彩的反应有所差异，但大多数人对于颜色的心理反应是相同的。比如，明亮的色彩让人感到欢快，而柔和的色调则有助于使人平静和放松，而深暗的色彩则让人感到沉闷。植物的色彩主要通过树叶、花、果实、枝条以及树皮等来表现。

树叶在植物的所有器官中所占面积最大，因此也很大地影响了植物的整体色彩。树叶的主要色彩是绿色，但绿色中也存在色差和变化，如嫩绿、浅绿、黄绿、蓝绿、墨绿、浓绿、暗绿等，不同绿色植物搭配可形成微妙的色差。深浓的绿色因有收缩感、拉近感，常用作背景或底层，而浅淡的绿色有扩张感、漂离感，常布置在前或上层。各种不同色调的绿色重复出现既有微妙的变化也能很好地达到统一。

植物除了绿叶类外，还有秋色叶类、双色叶类、斑色叶类等。这使植物景观更加丰富与绚丽。

果实与枝条、树皮在园林景观设计植物配置中的应用常常会收到意想不到的效果。如满枝红果或者白色的树皮常使人得到意外的惊喜。

但在具体植物造景的色彩搭配中，花朵、果实的色彩和秋色叶虽然颜色绚烂丰富，但因其寿命不长，因此在植物配置时要以植物在一年中占据大部分时间的夏、冬季为主来考虑色彩，如果只依据花色、果色或秋色是极不明智的。

在植物园林景观设计中基本上要用到两种色彩类型。一种是背景色或者基本色，是整个植物景观的底色，起柔化剂作用，以调和景色，它在景色中应该是一致的、均匀的。第二种是重点色，用于突出景观场地的某种特质。

同时植物色彩本身所具有的表情也是我们必须考虑的。如不同色彩的植物具有不同的轻重感、冷暖感、兴奋与沉静感、远近感、明暗感、疲劳感、面积感等，这都可以在心理上影响观赏者对色彩的感受。

植物的冷暖还能影响人对于空间的感觉，暖色调如红色、黄色、橙色等有趋近感，而冷色调如蓝色、绿色则会有退后感。

植物的色彩在空间中能发挥众多功能，足以影响设计的统一性、多样性及空间的情调和感受。植物的色彩与其他特性一样，不能孤立地而是要与整个空间场地中其他造景要素综合考虑，相互配合运用，以达到设计的目的。

四、建筑

建筑可居、可游、可望、可行于其中，满足多种功能要求，有突出的景观作用。建筑的景观作用主要表现在以下几个方面。

（一）点景

建筑常成为景观的构图中心，控制全局，起画龙点睛的作用。尤其滨水建筑更有"凌空、架轻、通透、精巧"等的特点。

（二）赏景

亭、台、楼、阁、塔、榭、舫等建筑，以静观为主；廊、桥等建筑，曲折前行，步移景易，以动观为主。

（三）组织路线

建筑可以引导人们的视线，成为起承转合的过渡空间。

（四）划分空间

建筑可以围合庭院，组织并分隔空间层次。

第二章　园林景观设计方式

第一节　园林景观设计的基本原理

一、园林景观设计的原则

园林景观在设计的过程中一般要遵循一定的原则，下面就简要介绍园林景观设计所要遵循的原则。

（一）生态性原则

景观设计的生态性主要表现在自然优先和生态文明两个方面。自然优先是指尊重自然，显露自然。自然环境是人类赖以生存的基础，尊重并净化城市的自然景观特征，使人工环境与自然环境和谐共处，有助于城市特色的创造。另外，设计中要尽可能地使用再生原料制成的材料，最大限度地发挥材料的潜力，减少能源的浪费。

（二）文化性原则

作为一种文化载体，任何景观都必然地处在特定的自然环境和人文环境中，自然环境条件是文化形成的决定性因素之一，影响着人们的审美观和价值取向。同时，物质环境与社会文化相互依存，相互促进，共同成长。

景观的历史文化性主要是人文景观，包括历史遗迹、遗址、名人故居、古代石刻、坟墓等。一定时期的景观作品，与当时的社会生产、生活方式、家庭组织、社会结构都有直接的联系。从景观自身发展的历史分析，景观在不同的历史阶段，具有特定的历史背景，景观设计者在长期实践中不断地积淀，形成了系列的景观创作理论和手法，体现了各自的文化内涵。从另一个角度讲，景观的发展是历史发展的物化结果，折射着历史的发展，是历史某个片段的体现。随着科学技术的进步，文化活动的丰富，人们对视觉对象的审美要求和表现能力在不断地提高，对视觉形象的审美体征，也随着历史的变化而变化。

景观的地域文化性指某一地区由于自然地理环境的不同而形成的特性。人们生活在特定的自然环境中，必然形成与环境相适应的生产生活方式和风俗习惯，这种民俗与当地文化相结合形成了地域文化。

在进行景观创作甚至景观欣赏时，必须分析景观所在地的地域特征、自然环境，入乡随俗，见人见物，充分尊重当地的民族系统，尊重当地的礼仪和生活习惯，从中抓住主要特点，经过提炼融入景观作品中，这样才能创作出优秀的作品。

(三) 艺术性原则

景观不是绿色植物的堆积，不是建筑物的简单摆放，而是各生态群落在审美基础上的艺术配置，是人为艺术与自然生态的进一步和谐。在景观配置中，应遵循统一、协调、均衡、韵律四大基本原则，使景观稳定、和谐，让人产生柔和、平静、舒适和愉悦的美感。

二、园林景观设计的理论基础

(一) 文艺美学

在当代社会发展中，景观设计师往往必须具备规划学、建筑学、园艺学、环境心理艺术设计学等多方面的综合素质，那么所有这些学科的基础便是文艺美学。具备这一基础，再加之理性的分析方法，用审美观、科学观进行反复比较，最后才能得出一种最优秀的方案，创造出美的景观作品。

而在现代园林景观设计中，遵循形式美规律已成为当今景观设计的一个主导性原则。美学中的形式美规律是带有普遍性和永恒性的法则，是艺术内在的形式，是一切艺术流派学依据。运用美学法则，以创造性的思维方式去发现和创造景观语言是人们的最终目的。

和其他艺术形式一样，园林景观设计也有主从与重点的关系。自然界的一切事物都呈现出主与从的关系，例如植物的干与枝、花与叶，人的躯干与四肢。社会中工作的重点与非重点，小说中人物的主次人物等都存在着主次的关系。在景观设计中也不例外，同样要遵守主景与配景的关系，要通过配景突出主景。

总之，园林景观设计需要具备一定的文艺美学基础才能创造出和谐统一的景观，正是经过在自然界和社会的历史变迁，人们发现了文艺美学的一般规律，才会在景观设计这一学科上塑造出经典，让人们在美的环境中继续为社会乃至世界创造财富。

（二）景观生态学

景观生态学是研究在一个相当大的领域内，由许多不同生态系统所组成的整体的空间结构、相互作用、协调功能以及动态变化的一门生态学新分支。在1938年，德国地理植物学家特罗尔首先提出景观生态学这一概念。他指出景观生态学由地理学的景观和生物学的生态学两者组合而成，是表示支配一个地域不同单元的自然生物综合体的相互关系分析。

进入20世纪80年代以后，景观生态学才真正意义上实现了全球的研究热潮。另一位德国学者Buchwaid进一步发展了景观生态的思想，他认为景观是个多层次的生活空间，是由陆圈、生物圈组成的相互作用的系统。

美国景观设计之父奥姆斯特德他的《Design With Nature 1969》奠定了景观生态学的基础，建立了当时景观设计的准则，标志着景观规划设计专业勇敢地承担起后工业时代重大的人类整体生态环境设计的重任，使景观规划设计在奥姆斯特德奠定的基础上又大大扩展了活动空间。景观生态要素包括水环境、地形、植被等几个方面。

1. 水环境

水是全球生物生存必不可少的资源，其重要性不亚于生物对空气的需要。地球上的生物包括人类的生存繁衍都离不开水资源。而水资源对于城市的景观设计来说又是一种重要的造景素材。一座城市因为有山水的衬托而显得更加有灵气。除了造景的需要，水资源还具有净化空气、调节气候的功能。在当今的城市发展中，人们已经越来越认识到对河流湖泊的开发与保护，临水的土地价值也一涨再涨。虽然人们对于河流湖泊的改造和保护达成了一致共识，但具体地保护水资源的措施却存在着严重的问题。比如对河道进行水泥护堤的建设，却忽视了保持河流两岸原有地貌的生态功效，致使河水无法被净化等。

2. 地形

大自然的鬼斧神工给地球塑造出各种各样的地貌形态，平原、高原、山地、山谷等都是自然馈赠于人们的生存基础。在这些地表形态中，人类经过长期的摸索与探索繁衍出一代又一代的文明和历史。今天，人们在建设改造宜居的城市时，关注的焦点除了将城市打造得更加美丽更加人性化以外，更重要的还在于减少对原有地貌的改变，维护其原有的生态系统。在城市化进程迅速加快的今天，城市发展用地略显局促，在保证一定的耕地的条件下，条件较差的土地开始被征为城市建设用地。因此，在城市建设时，如何获得最大的社会、经济和生态效益是人们需要思考的问题。

3. 植被

植被不但可以涵养水源，保持水土，还具有美化环境、调节气候、净化空气的功效。因此，植被是景观设计中不可缺少的素材之一。因此，无论是在城市规划、公园景观设计还是居民区设计中，绿地、植被是规划中重要的组成部分。此外，在具体的景观设计实践时，还应该考虑树形、树种的选择，考虑速生树和慢生树的结合等因素。

(三) 环境心理学

社会经济的发展让人们逐渐追求更新、更美、更细致的生活质量和全面发展的空间。人们希望在空间环境中感受到人性化的环境氛围，拥有心情舒畅的公共空间环境。同时，人的心理特征在多样性的表象之中，又蕴含着一般规律性。比如有人喜欢抄近路，当知道目的地时，人们都是倾向于选择最短的旅程。

另外，当在公共空间时，标识性建筑、标识牌、指示牌的位置如果明显、醒目、准确到位，那么对于方向感差的人会有一定的帮助。

人居住地的周围公共空间环境对人的心理也有一定的影响。如果公共空间环境提供给人的是所需要的环境空间，在空间体量、形状、颜色、材质视觉上感觉良好，能够有效地被人利用和欣赏，最大限度地调动人的主动性和积极性，培养良好的行为心理品质。这将对人的行为心理产生积极的作用。马克思认为："环境的改变和人的活动的一致，只能被看作是合理的理解，为革命的实践。"人在能动地适应空间环境的同时，还可以积极改造空间环境，充分发挥空间环境的有利因素，克服空间环境中的不利因素，创造一个宜于人生存和发展的舒适环境。

如果公共空间环境所提供与人的需求不适应时，会对人的行为心理产生调整改造信息。如果公共空间环境所提供与人的需求不同时，会对人的行为心理产生不文明信息。随着空间环境对人的作用时间、作用力累积到一定值时，将产生很多负面效应。比如有的公共空间环境，只考虑场景造型，凭借主观感觉设计一条"规整、美观"的步道，结果却事与愿违，生活中行走极不方便，导致人的行为心理产生不舒服的感觉。有的道路两边的绿篱断口与斑马线衔接得不合理，人走过斑马线被绿篱挡住去路。人为地造成"丁字路"通行不方便的现状，使人的行为心理产生消极作用。可见，现代公共空间环境对人的行为心理作用是不容忽视的。

在公共空间环境的项目建造处于设计阶段时，应把人这个空间环境的主体元素考虑到整个设计的过程中，空间环境内的一切设计内容都以人为主体，把人的行为需求放在第一位。这样，人的行为心理能够得以正常维护，环境也得到应有的呵护。同时避免了环境对人的行为心理产生不良作用，避免不适合、不合理环境及重修再建的现象，使城市的"会客厅"更美，更适宜人的生活。

第二节 园林景观设计的造景方式与设计程序

一、园林景观设计的造景方式

园林设计离不开造景，如面临的是美丽的自然风景，首要的就是通过造园的手法表现自然之美，或借自然之美来丰富园内景观；若是人工造景，可遵循中国传统造园的一个重要法则——"师法自然"，这就需要设计师匠心巧用、巧夺天工，从而达到虽由人作、宛自天开的效果。常用的造景方式有以下几种：

（一）主景与配景

景宜有主景与配景之分，主景是园林设计的重点，是视线集中的焦点，是空间构图的中心；配景对主景起重要的衬托作用，所谓"红花还得绿叶衬"正是此道理。在设计时，为了突出重点，往往采用突出主景的方法，常用的手法有：主景（主体）升高，轴线焦点。即将主景置于轴线的端点或几条轴线的交点上。空间构图重心。即将主景置于几何中心或是构图的重心处。向心点。诸如水面、广场、庭院这类场所具有向心性，可把主景置于周围景观的向心点上。例如水面有岛，可将主景置于岛上。

层次与景深景观就空间层次而言，有前景、中景、背景之分，没有层次，景色就显得单调，就没有景深的效果。这其实与绘画的原理相同，风景画讲究层次，造园同样也讲究层次。一般而言，层次丰富的景观显得饱满而意境深远。

（二）敞景与隔景

敞景即景物完全敞开，视线不受任何约束。敞景能给人以视线舒展、豁然开朗的感受，景观层次明晰，景域辽阔，容易获得景观整体形象特征，也容易激发人的情感。

隔景即借助一些造园要素（如建筑、墙体、绿篱、石头等）将大空间分隔成若干小空间，从而形成各具特色的小景点。隔景能达到小中见大、深远莫测的效果，能激起游人的游览兴趣。隔景有实隔、虚隔和虚实并用等处理方式。高于人眼高度的石墙、山石林木、构筑物、地形等的分隔为实隔，有完全阻隔视线、限制通过、加强私密性和强化空间领域的作用。被分隔的空间景色独立性强，彼此可无直接联系。而漏窗洞缺、空廊花架、可透视的隔断、稀疏的林木等分隔方式为虚隔。此时人的活动受到一定限制，但视线可看到一部分相邻空间景色，有相互流通和补充的延伸感，能给人以向往、探求和期待的意趣。在多数场合中，采用虚实并用的隔景手法，可获得景色情趣多变的景观感受。

（三）借景

明代计成在《园冶》中强调"巧于因借"。就是说要通过对视线和视点的巧妙组织，把园外的景物"借"到园内可欣赏到的范围中来。借景能拓展园林空间，变有限为无限。借景因视距、视觉、时间的不同而有所不同，常见的借景类型有：

1. 远借与近借

远借就是把园林景观远处的景物组织进来，所借物可以是山、水、树木、建筑等。如北京颐和园远借玉泉由之塔及西山之景。近借就是把邻近的景色组织进来。周围环境是邻借的依据，周围景物只要能够利用成景的都可以借用。

2. 仰借与俯借

仰借是利用仰视借取的园外景观，以借高景物为主，如北京的北海港景山。俯借是指利用居高临下俯视观赏园外景物，登高四望，四周景物尽收眼底。可供所借景物很多，如江湖原野、湖光倒影等。

3. 因时而借

因时而借是指借时间的周期变化，利用气象的不同来造景。如春借绿柳，夏借荷池，秋借枫红，冬借飞雪；朝借晨霭，暮借晚霞，夜借星月。如西湖十景之一的"断桥残雪"就是很好的应时而借的实例。

4. 因味而借

主要是指借植物的芳香，很多植物的花具芳香，如含笑、玉兰、桂花等植物。设计时可借植物的芳香来表达匠心和意境。

（四）框景与漏景

框景就是利用窗框、门框、洞口、树枝等形成的框，来观赏另一空间的景物。由于景框的限定作用，人的注意力会高度集中在其框中画面内，有很强的艺术感染力。漏景是在框景的基础上发展而来，不同的是漏景是利用窗棂、屏风、隔断、树枝的半遮半掩来造景。框景所形成的景清楚、明晰，漏景则显得含蓄。

（五）对景

两景点相对而设，通常在重要的观赏点有意识地组织景物，形成各种对景。其重要的特点：此处是观赏彼处景点的最佳点，彼处亦是观赏此处景点的最佳点。如留园的明瑟楼与可亭就互为对景，明瑟楼是观赏可亭的绝佳地点，同理，可亭也是观赏明瑟楼的绝佳位置。

（六）障景

障景即是那些能抑制视线、引导空间转变方向的屏障景物，起着"欲扬先抑，欲露先藏"的作用。像建筑、山石、树丛、照壁等可以用来作为障景。

（七）夹景

夹景就是利用建筑、山石、围墙、树丛、树列形成较封闭的狭长空间，从而突出空间端部的景物。夹景所形成的景观透视感强，富有感染力。

（八）点景

即在景点入口处、道路转折处、水中、池旁、建筑旁，利用山石、雕塑、植物等成景，增加景观趣味。

（九）题咏

中国的古典园林常结合场所的特征，对景观进行意境深远、诗意浓厚的题咏，其形式多为楹联匾额、石刻等形式。

如济南大明湖亭所题的"四面荷花三面柳，一城山色半城湖"，沧浪亭的石柱联"清风明月本无价，近水远山皆有情"，等等。这些诗文不仅本身具有很高的文学价值、书法艺术价值，而且还能起到概括、烘托园林主题、渲染整体效果，暗示景观特色、启发联想，激发感情，引导游人领悟意境，提高美感格调的作用，往往成为园林景点的点睛之笔。

二、园林景观设计程序

一般来说，园林景观所包括的范围很广，既有微观的，如庭园、花园、建筑周围的外部空间等；又有宏观的，如城镇的环境空间、风景名胜区的环境空间等。一项优秀的外部空间设计的创作成功，除靠设计者的专业素质、创造力和经验之外，还要借助于科学的设计方法和步骤。

（一）设计程序的特点和作用

设计程序有时也称为"课题解决的过程"，它包括按照一定程序的设计步骤，这些设计步骤是设计工作者长期实践的总结，被国内外建筑师、规划师、园林建筑师用来解决设计问题。它的特点和作用在于：为创作设计方案，提供一个合乎逻辑的、条理井然的设计程序；提供一个具有分析性和创造性的思考方式和顺序；有助于保证方案的形成与所在地点的情况和条件（如基地条件、各种需求和要求、预算等）相适应；便于评价和比较方案，使基地得到最有效地利用；便于听取使用单位和使用者的意见，为群众参加讨论方案创造条件。

（二）设计的基本程序

1.设计前的准备和调研

设计前的准备和调研，是一项相当重要的工作。采用科学的调研方法取得原始资料，作为设计的客观依据，是设计前必须做好的一项工作。它包括：熟悉设计任务书；调研、分析和评价；走访使用单位和使用者；拟订设计纲要等工作。

（1）设计任务书的熟悉和消化

设计程序的第一步是熟悉设计任务书。设计任务书是设计的主要依据，一般包括设计规模，项目和要求，建设条件，基地面积（通常有由城建部门所划定的地界红线），建设投资，设计与建设进度，以及必要的设计基础资料（如区域位置，基地地形，地质，风玫瑰，水源，植被和气象资料等）和风景名胜资源等。在设计前必须充分掌握设计的目标、内容和要求（功能的和精神的），熟悉地方民族及社会习俗风尚、历史文脉，地理及环境特点，技术条件和经济水平，了解项目的投资经费状况，以便正确地开展设计工作。

（2）调研和分析（包括现场踏勘）

熟悉设计任务书后，设计者要取得现状资料及其分析的各项资料，在通常的情况下，需进行现场踏勘。

①基地现状平面图。在进行基地调研和分析（评价）之前，取得基地现状平面图是必需的。基地现状平面图要表示下列资料：基地界线（地界

红线）；房屋（表示内部房间布置、房屋层数和高度、门窗位置）；户外公用设施（水落管及给水排水管线，室外输电线、空调和室外标灯的位置）；毗邻街道；基地内部交通（汽车道，步行道，台阶等）；基地内部垂直分隔物（围墙，栅栏、篱笆等）；现有绿化（乔木、灌木、地被植物等）；有特点的地形、地貌；影响设计的其他因素。

②基地调研和分析（评价）。完成基地现状平面图以后，下一步是进行基地的调研和分析，熟悉基地的潜在可能性，以便确定或评价基地的特征、问题和潜力，并研究采用什么方式来适应基地现有情况，才能达到扬长避短，发挥基地的优势。在基地调研和分析中，需要很多的调研记录和分析资料。为直观起见，通常把这些资料绘在基地平面图中。对于每种情况既要有记录，也要有分析，这对调研工作是非常重要的。记录是鉴别和记载情况，即资料收集（如标注特点，位于何处等），分析是对情况的价值或重要性作出评价或判断。

③走访使用单位和使用者。在基地调研和分析之后，设计者需要向使用单位和使用者征求意见，共同讨论有关问题，使设计问题能得到圆满解决，并能使设计正确反映使用单位和使用者的愿望，满足使用者的基本要求。

④设计纲要的拟订。设计纲要是设计方案必须包含和考虑的各种组成内容和要求，通常以表格或提纲的形式表示。它服务于两个目的：它相当于"基地调研、分析""访问使用单位"两步骤中所得结果的综合概括；在比较不同的设计处理时，它起对照或核对的作用。在第一个目的里，纲要促使有预见性的探求设计必须达到目的，并以简明的顺序作为思考的步骤。在第二个目的里，纲要可提醒设计者需要考虑什么、需要做什么。当研究一个设计或完成一个设计方案时，纲要还可帮助设计者检查或核对设计，看看打算要做的事情是否如实达到要求、设计方案是否考虑全面、有否遗漏等。

2.设计图纸操作步骤

设计图纸一般可分为：理想功能图析、基地功能关系图析、方案构思、形式构图研究、初步总平面布置（草图）、总平面图（正图）、施工图七个步骤。

（1）功能图析

理想功能图析是设计阶段的第一步，也就是说，在此设计阶段将要采用图析的方式，着手研究设计的各种可能性。它要把研究和分析阶段所形成的结论和建议付诸实现。在整个设计阶段中，先从一般的和初步的布置方案进行研究（如后述的基地分析功能图析和方案构思图析），继而转入更为具体深入的考虑。理想功能图析是采用图解的方式进行设计的起始点。

理想功能图析是没有基地关系的。它像通常所说的"泡泡图"或"略图"那样，以抽象的图解方式安排设计的功能和空间，理想功能图析可用任意比例在空白纸上绘出。它应表示：以简单的"泡泡"表示拟设计基地的主要功能、空间；功能、空间相互之间的距离或邻近关系；各个功能、空间围合的形式（即开敞或封闭）；障壁或屏隔；引入各功能、空间的景观视域；功能、空间的进出点；除基地外部功能、空间以外，还要表示建筑内部功能、空间。

（2）基地分析功能图析

基地分析功能图析是设计阶段的第二步。它使理想功能图析所确定的理想关系适应既定的基地条件。在这一步骤中，设计者最关注的事情是：主要功能、空间相对于基地的配置；功能、空间彼此之间的相互关系。

所有功能、空间都应在基地范围内得到恰当的安排。现在，设计者已着手考虑基地本身条件了。基地分析功能图析是在基地调研分析图基础上进行的，现在基地分析功能图析中的不同使用区域，与功能、空间取得联系和协调。这是促使设计者根据基地的可能和限制条件，来考虑设计的适应性和合理性的最好方法。

（3）方案构思

方案构思是基地分析功能图析的直接结果和进一步的推敲和精炼，两者之间的主要区别是，方案构思图在设计内容和图像的想象上更为深化，功能图析中所划分的区域，再分成若干较小的特定用途和区域。此外，所有空间和组成部分的区域轮廓草图和其他的抽象符号均应按一定比例绘出，但不仔细推敲其具体的形状或形式（具体的形式将在下步研究）。方案构思图不仅要注释各空间和组成部分，而且还要标注各空间和组成部分的设计高度和有关设计的注解。

（4）形式构图研究

在进入这一步骤之前，设计者已合理地、实际地考虑了功能和布局问题，现在，要转向关注设计的外观和直觉。以方案构思来说，设计者可以根据相同的基本功能区域做出一系列不同的配置方案，每个方案又有不同的主题，特征和布置形式设计所要求的形状或形式可直接从已定的方案构思图中求得。因此，在形式构图研究这一设计步骤中，设计者应该选定设计主题（即什么样的造型风格），使设计主题最能适应和表现所处的环境。由于设计者考虑了形式构图的基本主题，接着就要把方案构思图中的区域轮廓和抽象符号转变成特定的、确切的形式。形式构图研究是重叠在初定的方案构思图进行的，所以方案构思图上的基本配置是保留的。设计者在遵守方案构思图中的功能和空间配置的同时，还要努力创造富有视觉吸引力的形式构图。

（5）初步总平面布置

初步总平面布置是描述设计程序中，设计的所有组成部分如何进行安排和处理的一个步骤（结合实际情况，使各组成部分基本安排就绪）。首先要研究设计的所有组成部分的配置，不仅要研究单个组成部分的配置，而且要研究它们在总体中的关系。在方案构思和形式构图研究步骤中所确定的区域范围内，初步总平面布置时再做进一步的考虑和研究。它应包括：

所有组成部分和区域所采用的材料（建筑的、植物的），包括它们的色彩、质地和图案（如铺地材料所形成的图案）；各个组成部分所栽种的植物，要绘出它们成熟期的图像（如乔木、灌木、地被植物等），这样，就要考虑和研究植物的尺寸、形态、色彩，肌理；三度空间设计的质量和效果，如像树冠群，棚架，高格架、篱笆、围墙和土丘等组成部分的适宜位置、高度和形式；室外设施如椅凳、盆景、塑像、水景、饰石等组成部分的尺度、外观和配置。初步总平面布置最好重叠在形式构图研究图的上面进行，反复进行可行性的研究和推敲，直到设计者认为设计问题得到满意解决为止。初步总平面布置以直观的方式表示设计的各组成部分，以说明问题为准。

（6）总平面图

总平面图是初步总平面布置图的精细加工。在这一步骤中，设计者要把从使用单位那里得到的对初步总平面布置的反应，再重新加以研究、加工、补充完善，或对方案的某些部分进行修改。总平面图是按正式的标准绘法。

（7）施工图

施工图即详细设计，这是设计阶段最后的步骤，顾名思义，这一步骤要涉及各个不同设计组成部分的细节。施工图设计的目的，在于深化总平面设计，在落实设计意图和技术细节的基础上，设计绘制提供便于施工的全部施工图纸。施工图设计必须以设计任务书等为依据，符合施工技术、材料供应等实际情况。施工图、说明文字、尺寸标注等要求清晰、简明、齐全、准确。为保证设计质量，施工图纸必须经过设计、校对和审核后，方能发至施工单位，作为施工依据。

3.回访总结

在设计实践中应重视回访总结这一设计程序。由于设计图纸是通过施工和竣工交付使用后的实践检验，既会反映设计预计可能发生的问题，又能反映事先未曾考虑到的新问题，设计人员只有深入现场，才能及时发现问题，解决问题，保证设计意图贯彻始终。另一方面通过回访总结，还可总结经验教训，吸取营养，开阔思路，使今后设计创作在理论和实际相结合方面，更加提高进步。

上述设计步骤表示了理想设计过程中的顺序，实际上有些步骤可以相互重叠，有些步骤可能同时发生，甚至有时认为改变原来的步骤是必要的，这要视具体情况而定。设计程序不是公式或处方，真正优秀的设计，要通过合理处理设计中的各种因素来获得。设计程序仅仅是每一设计步骤所要进行工作的纲要，设计的成功取决于设计者的观察力、经验、知识，正确的判断能力和直觉的创造能力。所有这些，都要在设计程序中加以应用。

第三节　园林景观设计的表现技法

一、绘图工具

在方案设计过程中，徒手表达和设计是最为理想的方式。因为比起电脑绘图，徒手设计更为快捷，绘图工具也便于携带，更重要的是通过这种方式充分调动了手、脑、眼的积极性，使之相互协调、互相激发。熟练的设计师可以在短时间内徒手绘制多张草图甚至多种方案，这在电脑上是很难做到的。电脑辅助绘图过程中，以明确的线条、平面、体块表达景观元素，然而在设计早期就采用规矩的线条、明确的形体会制约思维的活化。徒手方案草图中模糊的、多重的软铅、炭笔线条，其不甚明确的特点有利于拓展思维、延伸想象，激发再创造、再判断。徒手表达更是唯一的方法，除了构思草图还要将最终成果清晰明确地在图纸上表达出来，因此有得心应手的绘图工具是非常重要的。

（一）笔类

铅笔、一次性针管笔、马克笔、彩铅是快速设计中最常用的工具，此外，炭笔、泻钢笔、水彩也较为常用。每种工具都有自己的特点，每个人也各有喜好，只要用着顺手，工具本身并无绝对的优劣之分，但是要注意某种工具可能更适合某个阶段的工作，例如，草图阶段可以写意奔放，而正图则需工整严谨，由此对工具的运用也有所区别。下面详细介绍各种绘图笔的特点：

1. 铅笔

铅笔携带方便，不易弄脏弄破图面，易于修改，线条流畅，可以根据运笔轻重表现出浓淡深浅，在不同纸张上能形成不同的纹理，且有多种硬度供选择，所以广受设计师欢迎。

常用的铅笔有如下几种：木杆软铅笔（3B以上）能在纸上勾画出粗细、浓淡差别明显的线条，非常利于激发设计师的想象力，是草图构思阶段最常用的工具；同时，可以用来渲染明暗，表现质感，如可以结合纸张质地或纸张下面的衬垫物形成特殊的纹理；另外，还能将草图复制到不透明的图纸上。现在除了木杆铅笔，还有粗铅芯，可以直接使用，也可用夹铅器固定。

铅芯呈长方形的木工铅笔也属于软铅笔，绘制粗线条很方便，渲染大的块面能形成较为独特的纹理。考试用的铅芯稍硬的2B自动铅笔，铅芯也呈长方形，用来绘制草图也比较方便，如绘制墙线时就横着画，绘制其他部分可以顺着较细的铅芯方向运笔。木杆硬铅笔（H、2H等）由于铅芯较硬，线条颜色轻淡，可以用来绘制墨线图的铅笔稿。当然，为免去削笔或卷笔的麻烦也可以用自动铅笔代替。

2. 炭笔

与铅笔相似，在纸面上能形成轻重浓淡的线条和不同的纹理效果，其黑白对比更为明显。但它在普通白纸和拷贝纸上绘画时不如铅笔流畅，而在纹理较粗的纸上更能发挥其优势。要注意，炭棒或炭精条容易弄脏手指和图面，从这个角度来说木杆炭笔更为方便实用。

3. 针管笔

针管笔主要用来绘制正图，建议应试时使用一次性针管笔，因为普通针管笔容易出现下水不畅或者跑水现象。一次性针管笔以红环牌和施德楼牌为佳，其中施德楼牌干得较快，马上上色也不易弄脏图面；红环牌出水流畅，颜色更黑，既适合绘制草图，也能绘制正图，但要注意 0.5 毫米以上的针管笔墨水干得稍慢，使用时不要弄脏图面。

4. 钢笔

钢笔出水流畅，在平时构思草图时使用非常方便。钢笔有明显的方向性，也就是沿着笔尖的方向会比较顺畅，而垂直或者逆着笔尖时要稍微涩点。用钢笔绘制正图时要注意区别线宽，注意不要弄脏图面。

5. 美工笔

美工笔可粗可细，也是一些设计师喜欢的工具。有的人绘制所有的墨线只用一支美工笔应付，虽然免去换笔的麻烦，但是要注意线宽的等级与统一。

6. 中性笔

价格便宜，颜色多样，比当年的油墨圆珠笔更细、更流畅，也是广受欢迎的草图用笔。使用中性笔进行设计和表达时避免弄脏纸面，在拷贝纸上要防止划破纸面。绘制正图上的细线时可以使用这种笔。

7. 彩色铅笔

携带方便，颜色丰富，没有气味，不需要带水作业，即使误涂了也易于修改。它与铅笔一样是通过笔芯颗粒附着在纸上形成纹理和色彩，还可以重叠上色。对于初学者彩铅容易把握，不会出现像水彩和马克笔那样涂错而难以控制的场面，但是这并不意味着彩铅比较低级，用彩铅可以形成非常惊人的效果，如莱特的彩铅渲染。在快题考试中，总平面图、立面图以及透视图中，彩铅都是理想的渲染工具。由于是通过逐渐涂擦的方式绘制，使用彩铅在处理大面积图面时耗时较长，不像马克笔可以写意般地处理一大块，也不像水彩那样一笔下去可以涂很大面积。一般来说，使用彩铅时要渐进慢涂，以平涂为主形成面的效果，不要过多强调单一笔触。彩铅结合表面不光滑的纸张使用可以形成独特的纹理效果，也便于通过叠涂形成退晕和混色效果，而且厚纸不易破。对于需要用彩铅上色的拷贝纸和硫酸纸来说，可以在后面衬上一层水彩纸以取得纹理效果。盒装彩铅的颜色有12色、24色、48色等，考试时用24色足矣，可以通过叠加和退晕来进一步丰富色彩变化。现在市面上彩铅种类很多，盒装的如辉柏嘉水溶性彩铅，其颗粒较细、色彩柔和；单支的如高尔乐（KUELOX）、酷喜乐（KOHINOOR）、马可（Macro）等。水溶性彩铅在涂完后，用湿笔涂画能形成近似水彩的效果。

8. 毡头笔

以人工纤维做笔尖，出水均匀，有马克笔、毡尖笔等多种类型。其中马克笔是目前最流行的表现工具，它不必加水调色，便于携带，而且颜色丰富、色彩饱满，能形成鲜明的个性，尤其适合于快速表达。很多马克笔有粗细两头，粗端为宽大的方头，适于大面积平涂，能形成独特的笔触；细端可用来绘制线条如墙线、水岸等。根据颜料挥发性的不同，马克笔分为油性和水性。水性马克笔干得慢，没有气味，色彩鲜亮且笔触界线分明，颜色多次覆盖以后会变灰且容易伤纸。油性马克笔干得快，在绘制紧邻的不同色块时不易洇渗，手感好，色彩润泽、饱和度较高，颜色多次叠加也无影响（需等第一遍上色干透后，再涂第二层），能表现出退晕的效果，但是气味较大。与水彩相似，马克笔的淡色无法覆盖深色。上色时最好先上浅色。要注意整个画面的"黑白灰"关系，不宜用过于鲜亮的颜色，应以中性色调为宜。

市面常见的马克笔有三福牌（Primscolor，水性）、美辉牌（Marvy，水性）、Touch 牌（油性）、斑马牌（Zebra，油性）、天鹅牌（Stabilo，水性）、Copic 牌（油性）等。如果用拷贝纸或者硫酸纸绘图，将马克笔涂在纸张反面，能形成比涂在正面稍淡的颜色，正面如果再涂彩铅、马克笔或墨线也不会弄脏图面。使用油性马克笔时，最好在图纸下面衬上一张纸，以免其渗透力太强，弄脏其他图纸。

树木平面的马克笔表现技法，注意树冠的颜色渐变和退晕，画出阴影能增加立体感。毡头笔中除了马克笔，还有笔尖较细的毡尖笔，常用来绘制线条，颜色种类很多，常见的有天鹅牌毡尖笔、施德楼牌毡尖笔和晨光牌会议笔。

上述绘图笔简单易用，是一些人的首选，此外如色粉笔、油画棒以及水彩等，也可以用来作为设计与表现的工具，可以根据自己的兴趣和能力选择最适合的工具。

（二）尺规类

方案构思阶段一般不会用到此类工具，最多用来量取关键尺寸。设计师应该具有准确的目视和手画能力，这样观察和判断物体的尺度就不必依赖尺子，下手也就快而准。其实获得这种能力并不难，比如在纸上试着画 1 厘米、2 厘米、5 厘米、10 厘米（这些是最常用的比例尺单元）的横向和纵向线条，再与尺子对比，几次下来就会差不多了；除了这种针对徒手画图时的尺度准确性练习，建议初学者在平时增加对尺度的多方面练习，因为设计中尺度的把握是基本的，却又是最难的。尺度练习可以是对真实场地的尺度进行估计然后测量对比，也可以参照已经熟悉尺寸的场地，设想设计场地如果建起来有多大。反复一段时间后，尺度感就会有较大的提高。

1. 丁字尺

丁字尺是绘图时最常用的，主要用来绘制与图板横边平行的水平线，辅以三角板可以精确绘制垂线；使用时应该让短边紧靠图板，上墨时如果笔下水充沛，则要注意笔尖靠上尺边并略往外斜，以免墨水渗入尺缝中，弄污图纸；一般上墨的顺序是先上后下，先左后右（习惯左手绘图者先右后左）。

2. 三角板

三角板主要用来绘制垂直线和规则角（30°、45°、60°和15°、75°），在绘图时将其紧靠在丁字尺上。为避免上墨线时弄污图面，可以在尺子下面粘上厚纸片。

3. 直尺

直尺用来绘制直线，通过均匀平移可以绘制一组平行线。虽然绘制平行线比较理想的工具是滑轮一字尺、丁字尺或滚筒尺，不过对于快速设计和草图设计，由于时间紧张，要求的成果又是概念性的，表达上不必十分精确，可以用直尺绘制水平线和垂线。

4. 比例尺

比例尺有两种，一种是断面呈三角形的，一般有6套刻度，每一刻度对应着一种比例；还有一种是直尺形的，携带更方便。在方案的不同阶段，比例尺的使用频度也不相同：在功能分区时即泡泡图阶段，主要理清各个功能区的相互位置与关系，可以不用比例尺；而在勾画草图阶段，需要在纸上一角标出图形比例尺，以便绘制元素时有所参照；在方案定稿阶段，为确保重要的功能元素如道路、建筑等所有的尺度都合理可行，要用比例尺（也可用直尺或三角板）精确画出。应试时往往只使用1至2种比例，可以在尺子上对应的位置用油性马克笔标出，便于快速查找。

5. 蛇尺和曲线板

与建筑制图不同，园林设计中绘制曲线较多，因此如何绘制美观的曲线也就成为一个重要的问题。可以借助的工具有蛇尺和曲线板。蛇尺，顾名思义，是可以随意弯曲的软尺，用这种尺可以绘制出比较柔和圆润的线条。由于蛇尺一般较厚，对于转弯半径较小的弧线就无能为力了，这时就需要用曲线板或者徒手绘制了。曲线板上有多种弧度曲线，设计时所用的曲线往往比较复杂，需要利用曲线板上的多段曲线拼合而成，但要注意交接处应圆润，避免出现生硬的接头，与整个曲线不协调。在快图设计中，也可以完全徒手绘制曲线。在上正图时，根据草图确定的弧线弯曲程度可以先用铅笔画上关键点，然后用手悬空比画几次，觉得动作熟练后再落笔一次完成，画线过程中手要放松，即使稍有偏差也不必涂改。对于中小弧度曲线，建议以肘为轴运笔；长弧线和直线则以肩为轴，再配合手腕的放松拉动，就可以较好地完成。当然，要想画得好就需要平时多加练习。无论是采用哪种方式，都要让圆弧交接处平顺圆润，整个弧线挺括自然，避免出现凸角或者两线段间距太大的情况。

6.圆板

建筑和工程制图的模板很多，如桌凳、电气、柱网等。在园林设计中，草图阶段一般都是徒手画圆。在上正图阶段为了更加美观、工整，也为了更快，可以采用模板。对于景观设计而言，圆板是最为常用的，主要用来勾画平面图中的树冠轮廓，然后上色。也可以用来绘制轴测图中的卯形树冠参考线。圆板下面最好粘上垫子（用胶带包上纸垫粘在尺上），以免上墨线时弄脏图面。圆规不常用，一般只有画很大的圆时才使用。

大部分应试者徒手画的功力并不是很好，因此在绘制规则形状时借助尺规作图更为合理，例如在画一条长直线时，用尺画快而直。徒手作图显得洒脱、有灵气，但是没有尺规精确和工整，折中的方法是用直尺、曲线板、圆板等画出淡淡的参考线或参考点，然后徒手上墨。

（三）图纸类

不同质地的纸张搭配不同类型的笔能够产生各种各样的效果。当然纸张的选取不仅取决于绘图的视觉效果，还取决于其自身特点以及相适应的功能。最常用的快速设计用纸有以下几对于常用的图例如树池、铺装和桌凳等，建议收集整理几种类型。

1. 普通绘图纸 / 色纸

绘图纸质地较厚，涂改时不易弄破纸面，常用来绘制正图。由于不具有透明性，所以，将草图转到正图上就不如硫酸纸或拷贝纸方便，有些院校明确要求采用不透明纸。从颜色上看有白色和彩色（也称色纸）之分，用白色图纸制图黑白鲜明，对比强烈。而使用色纸则相当于预先设定了一个近乎灰色的中间色调，在绘图时可以直接作为中间色部分和背景，图上的黑色部分如阴影用深色表现，而白色调如高光部分则用白色彩铅点出，这样塑造整个图面的黑白灰关系就比使用普通白纸要方便，效果也好得多。

有的设计师喜欢用纹理较粗的纸张如水彩纸进行构思和表现，铅笔、炭笔和水彩尤其适合在这种纸上表现。这类纸不像拷贝纸和硫酸纸那样易出现折痕，不怕修改。

2. 坐标纸

坐标纸也称网格纸，多为 A2 大小，纸质较厚，上面印有淡黄色的间距均为 1 毫米的网格线，每隔 1 厘米经纬线均加粗。需要精确把握元素尺度时可以将其衬在拷贝纸下面作为尺度参照或者直接在坐标纸上勾画方案。

3. 拷贝纸 / 硫酸纸

拷贝纸是方案构思和表现中最重要的纸张类型。由于其半透明特征，可以将新图纸蒙在前一次的成果上修改、描绘，节约了大量时间，也可以方便地尝试多种可能性。可惜不少初学者没有充分发挥拷贝纸的这个最大优点。拷贝纸质地较薄，在绘图时注意不要弄破。用油性马克笔上色时，要在下面衬上一张吸水性较好的纸张，也可以两面上色，既避免了相邻颜色的渗洇，又能形成与正面上色不同的效果。如果上交的正图绘制在拷贝纸上一定要在下面衬上同样大小或稍大的白纸，以增加图面的对比效果。市面售卖的拷贝纸一般是 A1 大小，在使用前应根据需要剪裁。还有一种卷轴拷贝纸，纸质更好，透明度更高，有白色和黄色两种，适合正图和草图。硫酸纸比普通拷贝纸更透明，纸质更厚、更硬，因此修改时不易弄破，与马克笔结合绘图效果也不错。但是它不如拷贝纸柔软，容易出现明显的折痕。硫酸纸和拷贝纸均不适合大面积的带水作业如水彩、水粉等。

（四）其他

1.利垫物

用来衬在图纸下面形成特别的纹理，一般用在总平面图渲染和透视图渲染中。使用铅笔、炭笔和彩铅较多时，可以在手下垫上一张干净的纸片，防止手掌移动弄脏图面。

2.夹子

应选用弹力较大，夹握面平直的夹子来固定图纸。虽然用夹子比较省事，但是会影响丁字尺的推移，所以总平面图的图纸最好还是用胶带固定。

3.胶带

在固定图纸时常用黏性较大的透明胶带，先将图纸四角固定，画好后，可以直接用小刀沿图纸边缘将图纸裁下。透明胶带还能粘掉需要修改的部分，但是不适合薄纸。PVC 电工胶带（不是黑胶布）黏性稍小，不易粘坏纸面且便于撕断，所以也常用来固定纸张和上色时起遮蔽作用。

4.复写纸

在绘制正图时，如果正图采用不透明纸张，将草图转绘过来就比较麻烦。风景园林设计中往往曲线居多，不像建筑设计多以直线为主，用丁字尺和三角板可以方便地绘制柱网和外轮廓线。在转绘的过程中如果有条件可以采用灯桌，或者在白天时将图纸以及草图粘在窗户玻璃上，但要注意安全。如果不具备这些条件，比如在考试中，就只能使用复写纸或者类似手段了。复写纸一般不会超过 A4 纸纸张大小，可以多用几张来应对较大面积。如果考试不允许携带复写纸，可以将草图中关键位置纸背涂上软铅，再将草图纸蒙在正图纸上，用力将关键位置的点与线条再描绘一遍，然后根据这些关键点和线来绘制正图，这种做法比在正图上重新定位和绘制要节约时间。

5.消字板

消字板又称擦图片、擦线板，用来擦去制图过程中产生的多余稿线。擦线板一般由塑料或不锈钢制成，不锈钢制成的擦线板更柔韧。使用擦线板时应注意：将适宜的缺口对准需擦除的部分，其他部分要盖好，用尽量少的次数擦净缺口中的线条，以免将图纸表面擦毛。擦线板还能在彩铅笔触中擦出空白，作为铺装图案或者坐凳等；如果尺度合适，还能用来擦出留白的树冠。

6.橡皮 / 修改液

需要擦除大面积铅笔或彩铅时，可以用黏性大、较柔软的橡皮，以免擦破纸面。修改液可以用来表现高光部分，但不如白色彩铅自然。

7.皮筋

皮筋用来捆绑图纸。可以在考试之前，将常组合使用的彩铅或马克笔（如画平面树时树冠、高光和阴影所对应的几种笔）用皮筋捆在一起，既避免了慌乱中找错笔，又节省了时间。

8.图板

快题考试一般都要求自备图板，图板要干净平整，边框尤其要平整，便于丁字尺靠紧。所选用的图板大小取决于图纸大小，图纸的大小在后文中会详细阐述。最常用的为1号板和2号板，分别比A1纸和A2纸略大。

在参加考试时，以上工具并非每个人都需要，根据自己的习惯，选择自己熟悉且必要的工具即可，以马克笔为例，有的同学会带上一桶，也有的同学带上几支常用的就能应对。

二、表现成果

快速设计成果的表现要简洁、明确、美观，以精练的图示体现思维活动的奔放。设计的不同阶段，成果的正草程度也不相同，比如在构思阶段中，图示表现为设计者自己识别、记忆、修改，作为进一步创意的激发物，不见得要让别人都能看懂，因此不必规规矩矩；作为设计的最终成果，需要满足与人交流的需要，则应清晰明了。下面介绍如何表现快速设计的成果。

（一）总平面图

在快速设计中，总平面图是最重要的部分。因为场地的功能划分、空间布局、景观特点都可以在平面图上有翔实的反映，在平面图上通过恰当的线宽区分和添加阴影，竖向要素也能清楚地呈现出来。平面图的重要性不言而喻，它在图纸上占的面积最大，位置最重要，也是最引人注意的部分，平面图设计和表现皆好的方案自然会脱颖而出。绘制总平面图应该清晰明了，突出设计意图，具体要注意以下几个方面：

1. 元素的表现要选用恰当的图例

所选图例不仅美观还要简洁，以便于绘制，其形状、线宽、颜色以及明暗关系都应有合理地安排。在设计和表现时，如采用不当的图示虽未必能影响总体功能布局和景观的合理，但与常理不合的图示在专业人士看来是非常刺眼的，会影响他对图纸的第一印象。

2. 平面图上也要层次分明，有立体感

平面图相当于从空中俯瞰场地，除了通过线宽、颜色和明暗来区分主从外，还可在表现中通过上层元素遮挡下层元素，以及阴影来增加平面图的立体感和层次感。

画阴影时要注意图上的阴影方向一致。阴影一般采用斜 45° 角，北半球的阴影朝上（图纸一般是上北下南）合乎常理。但是从人的视觉习惯看，阴影在图像的下面更有立体感所以在一些书刊上出现阴影在下（南面）的情况也并非粗心马虎，而是为了取得更好的视觉效果。

一般来说，中小尺度的场地尤其是景观节点平面增加阴影可以清楚地表达出场地的三维空间特点，寥寥几笔阴影，费时不多，效果却很明显。

有些初学者对于阴影的画法不重视，除了有阴影方向不统一的问题，在绘制稍微复杂形体的阴影时还可能出现明显的错误，实际上通过几次集中练习，即使是较复杂的硬质构筑物的平面阴影也是很容易绘出的。

3. 主次分明，整体把握

图中的重要场地和元素的绘制要相对细致，而一般元素则用简明的方式绘制，以烘托重点并节约时间。一般来说，总图上能区分出乔灌木、常绿落叶即可，专项的种植设计需要详细些甚至需要具体到树种。

按颜色区分，总平面图有黑白线条、黑白灰以及彩色三种类型。黑白线条图比较简洁，对比鲜明，但是对于复杂场地的表现会大打折扣。仅有灰度区别而无其他颜色的平面图效果也不错，最好有3至5个甚至更多的灰度层次。在方案交流和快题考试中，彩色平面图是最常见的形式。通过色彩可以更好地区分平面上的不同元素，使图面更加生动形象，甚至逼真地表现出材质。有些设计者通过特定的颜色搭配能形成特别的氛围或者个人风格。

色彩与形状一样是最主要的造型要素，但是色彩给人的感觉更加强烈而迅速。因此，总平面图的颜色搭配非常重要。关于颜色揩配的理论很多，如车弗雷尔的色彩调和论、穆恩和斯宾赛的色彩调和论等，这些理论都总结了常见的色彩搭配技巧，如采用平衡的无彩色的配色所显示的美度不次于有彩色的；同一色调的调和效果非常好，同一明度的配色往往效果不佳；同一色调、同一色度的单纯设计，比使用多种色调的复杂设计容易得到调和；由于对比色调互相排斥或者互相吸引，配色时常产生强烈的紧张感，能引人注意，但是过度使用则会陷于混乱；如果两种颜色的组合得不到很好的调和时，若在其中加入些白色、黑色或灰色，就能得到较好的配色，但应注意色调的明暗和纯度的高低。当然要想搭配好颜色，读者应多临摹多练习，找到自己擅长的配色风格。快图设计中的颜色应追求自由、大方、清爽、有力。

彩铅上色一般由浅入深，平涂是稳妥的方法。有些块面不必全部涂满，可以有些退晕和留白。灰度图上最浅的一般为水面、铺装、张拉膜等，除了整个图上的元素有灰度上的变化，重要的单体元素上也要有灰度变化，以增加立体感，如主要乔木、水体、坡屋顶的不同坡面等。颜色的把握需要平时多加练习和尝试。设计方案不必非常写实（例如道路往往不上颜色），重在表达出空间构思。颜色选择关键是处理好局部与整体的关系。有些人喜欢将乔木一律涂成深绿，实际上乔木如果涂成较浅的颜色或者较艳的暖色，效果也不错，因为暖色或亮色可以拉近视线距离，下面的草坪和低矮树木采用偏冷的颜色，使得平面图层次分明，与人俯瞰场地时的情景也很像。同样，水体上面的桥也不见得涂成较暗的木栈道颜色，采用较浅的颜色虚实对比更为明显，这样效果也许更好。

（二）立面图与剖面图

设计中理想的状态是平面图、立面图、剖面图同步进行、相互参照。然而，对于很多人而言，难以在短时间内把平面和竖向关系处理得面面俱到、滴水不漏，往往是经过简单的草图构思后，先画平面图再画立面图。这样在画剖面图时常常会发现平面图需要局部调整，但在时间紧张的考试中再回头更改平面图已不可能，因此不妨把调整和优化后的立面图和剖面图画出，只要与平面图出入不大即可，因为毕竟是一个概念性方案，重要的是尽可能多方面地展示方案构思的优点和深度。

绘制立面图和平面图消耗的时间主要在于量取水平距离，立面图或剖面图与总图宜布置在一张纸上，便表现于看图者对照，也便于设计者绘制。如果总平面图中的剖面线是水平的，那就直接将立面图或剖面图布置在正下方，这样在绘制剖面图时，用直尺沿竖直方向拉线确定水平间距非常方便。

如果剖面线是斜向或者竖直的，显然不能为了省事将剖面图和立面图绘制成斜的或竖直的，这样做不符合看图习惯。可以采用下面这种方法：

将白纸或者拷贝纸边缘放在剖面线上并标出水平距离参考点，参考点较多的可以增加些文字或图形标记，这样比用尺量更快。

在绘制局部立面图或剖面图时，有时需要将比例放得较大才能表现清楚，如平面图是 1 ∶ 1000，立面图则应该是 1 ∶ 500 或者更大。这种情况可以采用相似三角形的画法，比用尺子逐一测量再放大速度快。

立面图、剖面图中还应注意加粗地面线、剖面线，被剖到的建筑物和构筑物剖面一样要用粗线表示，图上最好有 3 个以上的线宽等级。立面图和剖面图上的标注应该清晰有条理，对于重要的元素宜加上标高，这样可以反映出设计者对竖向有细致的考虑。在快速设计中，立面图和剖面图所采用的色彩不必太多，以免杂乱，但要有虚实主次、明暗关系和前后层次。对于一些复杂的场地，还可以采用剖面透视来表现。剖面图和立面图绘制的常见问题有：元素缺乏细部，甚至明显失真；尺度不当。

（三）轴测图与透视图

三维形式的成果可以直观地反映设计意图和建成后的景象，各种要素的水平关系和竖向关系都可以更形象地展现出来，是对平面图的重要补充，也体现了设计者的素养与追求。下面从较简单的轴测图开始介绍。

1.轴测图的表现方法

轴测图画法简单，可以从平面图快速得出，便于推敲方案和与他人交流，也是不少设计大师常用的表现方式。轴测图的画法是沿着平面图往上"立"竖向的线条，轴测图上的尺度与场地、元素的真实大小的关系是固定的（由于轴测很多，有些轴测图三个方向尺度都是 1 ∶ 1 ∶ 1 的关系，而有些轴测图三个向度的比例不同，但物体上互相平行的线段，在轴测图上仍互相平行，物体上两平行线段或同一直线上的两线段长度之比，在轴测图上保持不变），真实地反映了三维空间中的尺寸关系。这样，不仅便于绘制元素，反过来在图上也能精确地量出相应的尺寸。不像透视图由于近大远小，在图上不能直接量取各位置上的真实尺寸。

在建筑设计中，轴测图的视线角度可以有多个方向，而在风景园林设计中，由于场地较大，一般都是从斜上方往下看，与鸟瞰图很相似，只是没有近大远小的变化。当视点与场地距离较远时，轴测图和鸟瞰图也很像，因此可在轴测草图的基础上加以变化体现出近大远小的关系来代替鸟瞰图，效果与真正的鸟瞰图虽然有点差距，但是节约了不少时间。

轴测图角度的选取要考虑视线方向和具体角度，视线的方向要能充分表达设计意图，如果方向选择不当就会形成视线遮拦。具体角度的选取要考虑整体效果和可见度，常见的如 30° ／ 60° 、60° ／ 30° 、45° 斜轴测图和 30/30 正等轴测图等，但 45° 角容易使正方体元素的线条形成错觉。

在绘制轴测图时，如果场地上高差变化较多，可以巧妙地利用拷贝纸的上下移动，以免去反复从基点量高的麻烦。如果成果要求绘制在不透明纸上，可以先用拷贝纸绘出主要块面和线条，再转绘到正图上。轴测图多是从上往斜下看，因此可以不画云朵。

2. 透视图的表现方法

因为涉及透视的缩比、景深、虚实、构图，而且整个图面还要有生动的艺术效果，比起轴测图、总平面图，透视图的主观发挥性和自由度更大，好的透视图能给人以身临其境的感觉。透视图种类很多，按照视点高度有人视、鸟瞰之分；按照主要元素与画面关系有一点透视、两点透视、三点透视之分；如平面元素与空间形态规则，有明显灭线、灭点的，是建筑式的透视，如果仅靠前后层次和近大远小来体现空间深度，以自然形态启的，是自然景观式透视。不同的透视图效果不同，画法也各有区别。画透视图前首先要选择好视角，即视点位置和视线方向。

绘制透视图时可以先采用小幅草图来推敲构图、空间层次、明暗关系、前景中景和后景，这样在选择视点位置、视线方向以及画面构图时就可以抓住重点，节约时间。同样一个场地的透视图，由于画面上的虚实空间和元素布置的不同，会有截然不同的效果。在介绍具体的透视方法之前，有必要先了解透视图中的构图类型。

（1）纵深式

画面中景物除了有一般的前后层次外，更以视线较为通透的空间如道路或者溪流作为主景，该空间在纵深方向的遮挡较少，画面中的纵深感和贯通感很强，甚至有引人前行、穿越的感觉。这种透视图中的透视消失线相对明确，元素近大远小的变化也很连贯，因此对于规则的轴线空间和几何型实体的表达效果较好。这种透视图的典型画法就是拉灭点求透视，并且从图上也能清楚地看出灭点和消失线。对于这种类型的透视图，灭点的位置以及透视的参考线要准确，否则画面的失真会非常明显。

（2）平远式

画面的景深主要通过前后元素的遮挡、掩映来实现，这种透视突出的不是纵向的景深感，而是横向上的延展和开阔，适合于中景为开阔空间的场地以及自然空间，当然这种透视图中空间的几何感稍差。绘制这种透视图可以根据感觉大致估计元素的大小，正对画面的主要景点乃至建筑一般画出立面就行，如果不采用透视参考线（如20尺位置地面线、30尺位置地面线等）做参考，要注意把握好画面中元素的位置和量高。

（3）斜向式

画面上的主要空间要素为斜向的直线、折线或弧线（如滨水岸线、道路等），这种透视图的效果介于上述两种方式之间。图主要要素是斜向的，充满动感的同时，也要妥善考虑构图，避免明显的失衡。对于斜向元素的透视图可以据感觉或者透视参考线画出前后几个关键点的位置，再连接起来以确定画面主要元素（如是曲线，连接处要圆润），再依次画上配景元素。

绘制前对于透视图的图幅也要有所考虑，一方面是画面的面积大小，这取决于需要刻画的详细程度、绘制时间以及该图在大图上所占的比重。另一方面是画面的长宽比，常见三种方式：高度远大于长度，常用于表现柱廊、高大乔木下的林荫路等；长度远大于高度，类似于摄影中的广角镜头效果，适合表达滨水岸带、开阔的场地和完整的建筑组群立面。这两种图幅超出的正常视域范围，看图的感觉就像在现场移动头部观察，因此有一定的动感，易取得身临其境的效果。长宽比为 3 ：2，与普通相机胶片相近，这种比例的图幅接近人的清晰视域范围，是常用的透视图图幅比例。

第三章　园林景观规划设计内容、分类和原理

第一节　景观规划设计的主要内容

一、景观规划

（一）规划

环境规划本身带有过强的科学性，需要太多的人力，对过去过于专注，并几乎采用的都是二维的模式。在《明日之城》一书中，彼得·霍尔提出了一个问题："规划会逐渐消失吗？而后又会怎样？"他对此的回答显然非常谨慎："规划不会全部消失。"对自由主义和经济增长的渴望，让规划在20世纪80年代陷入了一个低潮，也粉碎了柏林墙，而这种趋势，现在也正威胁着各种形式的政府规划。

一个好的环境，就像一个人拥有一个好的健康状态一样，容易让人察觉出来，但难以给它下一个定义。而且"没有疾病的到来，健康就无法估价"。为保护并提高我们的健康状态，医生们必须了解人体的代谢机理。为保护并改善环境状况，规划师就必须了解地理方面相应的解剖学、生理学、生物化学。医生们发现对表面解剖学的研究比对内在因素的研究要容易得

多。规划师们则发现对物理环境的研究也远比对环境运行方式的研究要简单得多。但是，医生不能将人体内部的问题看作皮肤上存在的问题。规划师也不能仅仅在可见的范围内提高环境质量。知识、思想、信心与技巧是工作的需要。

1. 科学与规划

在治疗之前先进行诊断，这是一个天经地义的事情。但是规定性的规划很难从现有事物的科学研究中获得。大卫·休谟，这位经验主义的哲学家，宣称"应该存在的"不能仅仅从"现在存在的"事物中获得。他的研究方向是道德范畴，但对于规划方面，这种哲学依然具有重要性。

以高速公路规划为例。整个规划的过程可能是这样的：首先进行相关的调查，发现人们依靠机动车出行的趋势正越来越显著；然后进行对客观地和目的地的分析，显示机动车辆将来自何方，它们是否需要有所限制；新的道路平面将被绘出；公众意见征求会召开，最佳路线被评选出来，道路应按此路线进行建设；第二年，建设款到位，开工建设。不知不觉地，高速公路的规划者在设计新道路的时候也采用了上面这样的模式。如果这种方式被接受，类似的研究将得出类似的结论，直到世界上所有的城市都成为沥青铺砌的沙漠，建筑物将被汽车的海洋淹没——成为这种愚蠢的、伪科学式规划的纪念碑。

科学是通过对推理与观察的运用而表现出来的。推理与观察是无与伦比的工具，但效果有限。古希腊哲学家柏拉图的洞穴寓言，就涉及人类知识与理解力的局限问题。他将人类描述为一个洞穴中的囚犯，只能看到坡上物体的影子，却看不到投阴影的物体本身。虽然人们今天所处的"洞穴"变大了，但现代的科学技术依然无法脱离这个洞穴的墙所展示的表象。由于缺乏"人类为何存在"以及"人类成员应该有怎样的行为"等知识，人们只能依靠判断和信仰来进行辨别。科学能否回答一些问题。

我们的子孙或许会认为 20 世纪是"科学的世纪"。在世纪之初，启蒙思想给人们带来了信心，大家相信科学推理将引导人类走向一个黄金时代。

　　2. 地理学与规划

　　地图制作与规划逐步变化并趋同。调查法与绘图法对地理学与规划产生了深远的影响。动词"规划"来自名词"规划"，而这个动词指的就是一种在平面上进行的二维投影的工作，"地理学"（geography）一词来源于词根"geo"与"graphein"，其中"geo"意为"地球"，而"graphein"意为"记录"。地理学是一门描绘地球表面情况并解释其形成原理的科学。当地理学家们检查地球形成的相关证据时，人们发现地球是由无数的地质年代发展演变而来的。地理学家盖基采用并改良了"景观"一词来传递一种进步的世界观，《牛津英文词典》引用了他 1886 年出版的书，作为"景观"的第一种解释——"一片广阔的、具有区别于其他区域的特征的土地，被认为是成形过程和自然力的产物"，这种解释带有显然的现代感。这种描述后来成了权威性的解释。在盖基之前，景观一词表达的是"一个理想场所"的意思，来自新柏拉图的艺术理论。它是一个可以估价的词语，特别适合于形容一个规划和设计的目标。景观绘画者寻求将一个理想的世界表现在画布上，而景观设计者却寻求在房产的建设中创造理想的环境。无论如何，"景观"的内涵价值从来没有被放弃过：如果说起"恶劣的景观"，这个短语就包含了一个人们专门强调的内在紧张的意味。

　　当景观概念发生的革命性变化被人们接受时，规划者自然而然地开始将眼光放到了城市区域之外。他们开始考虑更为宽广的地理现象，并将他们的专业领域在由绘图、调查、建筑设计和土木技术为主的基础上进行扩大。帕特里克·格迪斯受到法国地理学的启发，成了对这个变化最有影响力的行动者。他曾经受到达尔文的合作者托马斯·赫胥黎的生物学教育。格迪斯也是英国人中最早将"景观建筑师"作为一种专业头衔的人。他是不列顺城镇规划学院的创建者之一，他提出的"调查—分析—规划"的方法论将现代地理学和现代规划联系在一起。美国规划师协会原为美国景观建筑师协会的分支机构。

3. 现代规划

现代规划使得世界各地越来越趋同。科学、教育与规划必然会使得世界变得更好的信心来自18世纪的启蒙运动。在19世纪，规划成为卫生、道路与其他公共工程的基础。在德国，这种类型的规划得到了良好的发展。在20世纪，规划囊括的内容越来越多，开始综合关注交通、住宅、工业、林业、农业以及其他的土地利用类型。这种宽广的环境视野本身是很好的，但是，以专家治国论者的所谓科学方法却存在许多问题。规划者们被引导去进行趋向规划、单用途区域划分，并养成了将现实存在的事物"是"看作就是正确的事情"应该"——这种"存在即合理"的思维习惯。现代规划发展的三个阶段可以被命名为一种建筑风格。

（1）早期现代规划

在20世纪的上半叶，在格迪斯与芒福德产生影响之前，规划偏向于工程技术和建筑。这段时间被称为"城市艺术"或"城市美化运动"时代。设计与绘画的努力都倾注在城市的外貌上。规划被当作"大规模的建筑设计"来进行，超过了单体建筑只关注街道和立面设计的范围。

（2）中期现代规划

在20世纪二三十年代，对于地理学科变革的更深入了解使得规划师开始进行总体规划、分区规划和土地利用规划，将"一个有机体的几部分"分割为不同的内容。尽管有格迪斯的理论，但规划师们没有对生态环境进行太多关注，而是把更多的精力用在了物质空间环境上。在中期现代规划中，主要的内容是规划的文本和二维平面规划图，包括分区规划、土地利用规划或者就是城镇规划。中期现代规划已经超越了建筑层面，其目标是制定土地利用规划，以防止住房建在工厂旁边或是在珍贵的农业用地上。这导致了规划的概念关注于土地利用、密度调节和交通线路。城市被视作节点和可定义的用地区，从中心到外围有轴向交通线和不同的密度梯度。

随着中期现代规划的到来，规划专业人员大量表现为具有社会科学背景的实践者，他们需要了解地理学、政治学、经济学和统计学。此后，规划专业的目标变得如此宽广，已经完全脱离了"建筑学"的框架，规划由"大规模的建筑设计"变成了"小规模的城市管理"。有形的规划与设计开始忽略艺术。

（3）后期现代规划

在 20 世纪六七十年代，规划者建立了一种方法，强调规划中的生物学与生态学思想，但仍然关注土地利用和道路交通。它也同时被称为政策规划、综合规划、系统规划、协作规划或管理规划。规划师将自己视为一个不偏不倚的专家，去协调其他专家的工作，以便解决问题，消除冲突；"指挥环境专业的乐队"，从而在可能的情况下建设最好的世界。麦克洛克林与查德威克是这种方法的倡导者。规划师们需要解决的这些问题是高层次的：经济效益、社会公平、土地利用和交通。

现代主义规划的每个过程都在假设规划能够为一个城镇或是区域的未来提供单一的景象：一条路、一个道理、一种方法。随着科学的进步，规划变得包罗万象。这种方法导致规划方案的通用，而无论这个方案面对的城镇是欧洲的、亚洲的、非洲的或是美洲的。不同地点的规划中所包含的未来景象有微小差异，这种差异更多地源自构思的日期而不是场所特点或当地居民的意愿。

规划重视的东西有如时尚，不停地发生着变化。今年是绿化隔离带和环路，明年可能就是随着林荫道延伸的城镇扩展计划，而后又是以环路为基础的城市中心重建计划，而后流行保护区域，然后是公园游憩计划，然后流行商务公园和大型购物中心，而后又是交通问题。多数的规划由一个小规模的社会团体完成。

（二）景观规划

景观设计因为含有很多的规划成分，因此称为"景观规划设计"，景观规划设计的前身，在我国是以前开设的"风景园林设计"。景观规划设计，与景观、景观设计、园林、建筑、城市设计都十分关联，从宏观的大尺度景观到微观的小尺度景观，从风景旅游区到街头的绿地，都涵盖其中。景观规划设计实践所涉及的范围，包括了建筑以外的室外空间的所有设计，微观尺度的景观规划设计包括庭院设计、别墅设计，面积可能只有几十平方米；中观尺度的景观设计包括公园设计、广场设计、居住区景观设计、主题乐园景观设计、滨水景观设计、历史街区景观设计等，面积从几公顷到几百公顷不等；宏观尺度的景观规划包括旅游区规划、国家公园规划，乃至国土资源规划，面积以平方公里计量。由于环境的变化，景观规划设计很快与景观生态相结合，使景观规划更多地具备理论支持和科学的成分，成为设计行业中不可替代的一员，由于景观都市主义的兴起，由景观主导建筑的思潮开始流行，景观将成为未来20年规划设计类的中坚力量和领导核心。

1. 景观规划与传统园林的区别

（1）园林在前，景观在后

圃，是菜地，菜园；囿，是圈起的一块地，起初圈养的是野生的动物，动物经过驯化，成为家养。后来皇室渐渐远离大自然，进入宫城，将大自然浓缩取舍成为园林。到了现代，由于工业的发展和民主意识的加强，以及市民和公众健康的需要，以前的园林是私家的或者达官贵人的，现在则面向公众，走向开放，成为景观或公园。

（2）景观规划更加强调精神文化

建筑和城市强调精神文化，强调功能、技术，并解决人类的生存问题，而景观规划则需要解决人类的精神享受问题，一切的建造和布置都要围绕这一核心进行。景观规划的基本成分包括了软质和硬质两部分，如树木、水体、风、雨等称为软质景观，如铺装、墙体、栏杆、景观构筑等为硬质景观或称建成景观，两种景观均可形成一定的精神文化。

中国传统景观，如秦朝以来的"一池三山"，模拟海上仙山的形象，以满足接近神仙的愿望，在传统的园林中成为一个经典的题材；另一个如牌坊等景观建筑形式，记载着当年的荣升纪念和皇帝的恩宠。欧洲传统景观，以中世纪的土耳其伊斯坦布尔和法国巴黎的景观建筑形式为例，记载着各种战争的凯旋和战功，标明纪念性的意义；再如中世纪的拱券、柱式和周围空间的园林布局等。现代的景观设计，往往借助古代文化或现代文化的符号语言表达人性、人文、理想、民主和国家等精神文化诉求。如景观设计中常常使用各种拱券柱式、中国长城形式、某种传统文化的建筑轮廓，或者采用多元化理念中的某种形式，进行景观空间形式的设计，体现一种开放的文化和精神。

（3）面向大众的景观规划设计

古代的园林通常是为少数富人服务的，除了规模比较大的皇家园林，其余的多是较小的私家花园，而现在的景观规划设计主要是面向大众，面向一个区域、城镇和一个城市。

2.景观规划设计的发展趋势

景观规划设计、风景园林设计专业培养的是具有生态学、园林植物与观赏园艺、风景园林规划与设计等方面的知识和技能的学生，能在城市建设园林景观设计公司和园林公司、花卉企业以及大专院校及科研院所，从事风景区、森林公园、街道景观、各单位景观、居住区景观等各类园林绿地的规划、设计、施工，园林植物繁育栽培、养护、管理及科研工作。

园林景观设计越来越受到房地产、建筑、规划、设计业的青睐。作为行业的核心人才，社会对风景园林景观设计师的需求不断看涨，风景园林景观设计业逐渐成为一门热门职业。风景园林景观设计的实践不再局限于街头绿地、大小公园的建设养护上，随着大地艺术的兴起，生态环境系统的营造，旅游经济的崛起，风景区建设、古城再开发与保护等工作也随之增加。城市建设也拓宽了园林景观设计师的业务范畴，如居住社区的外部环境设计、城市公共生活空间规划、生态园区建设等，为设计师提供展现设计的舞台。

二、景观规划设计的主要内容

（一）城市规划分支

1. 城市

城市设计是指对城市体型和空间环境所做的整体构思和安排，贯穿于城市规划的全过程。城市设计要考虑由建筑物、道路、绿地、自然地形等构成的基本物质要素，以及由基本物质要素所组成的相互联系的、有序的城市空间和城市整体形象，从小尺度的亲切庭院空间、宏伟的城市广场，直到整个城市存在于自然空间的形象。城市设计也称为综合环境设计。

城市设计从人类开始自觉地建设城市起就出现了。中国古代有大量的城市设计的优秀实例，例如明清北京故宫的宫殿建筑群，创造出帝王都城既严谨雄伟又生动丰富的空间环境，是城市设计的杰作。中国许多古代城市中，诸如建筑、街道、广场、影壁、牌坊、寺塔、亭台等，在空间布局、视线对景、体型比例等方面都经过精心地设计，构成各具特色的城市空间环境。古希腊的卫城及古罗马、中世纪、文艺复兴时期欧洲一些城市所创造的许多著名的城市广场、大型宫廷花园也都是古代城市设计的范例。

现代城市的出现，带来了城市功能的多样化和复杂化，促使城市设计的指导思想和设计方法发生了重大变化。现代城市所进行的城市设计，在内容、规模、技术水平以及形式、风格的丰富多彩方面，都是前所未有的。20 世纪以来，各国在城市设计上进行了丰富实践。例如，现有城市中心区、成片旧城区和旧街道的重建和改建，各种类型的新城（包括卫星城镇）、新居民区、城市广场和公共活动中心、大型交通运输枢纽、大型绿化带（包括河滨、湖滨、海滨绿化带等）的建设，都是城市设计的结果。

目前，中国的景观规划设计与城市设计相结合还处于兴起阶段，在城市设计领域，建筑、规划、园林环境艺术等专业都占有一席之地。而在美国，已有大量的城市设计实践，这些城市设计主要是由景观规划设计师来做的。这是因为在空间布局组织上，主要是由贯穿于整个城市开敞空间的景观来控制协调的。城市设计是从开放空间入手开始做的，配合着开敞空间再把建筑一个个放进去，然后考虑一些形象的问题。

作为统领开敞空间的景观与城市设计的关系极为重要，这不仅仅是所谓的风貌规划，而是需要从景观规划设计的角度，从景观开敞空间、绿地、生态着眼，首先为城市留有起码的"空地"。

2. 历史文化名城

所谓历史文化名城，是指经国务院批准公布的保存文物特别丰富并且具有重大历史价值或者革命纪念意义的城市。我国对于列入历史文化名城的城市要求必须符合以下三个标准：城市的历史悠久，仍然保存着较为丰富、完好的文物古迹，具有重大的历史、科学、艺术价值；城市的现状格局和风貌仍保留着历史特色，并具有一定数量的代表城市传统风貌的街区；文物古迹主要分布在城市市区和郊区，保护和合理使用这些历史文化遗产对该城市的性质、布局、建设方针有重要的影响。

历史文化名城保护的内容应包括：历史文化名城的格局和风貌；与历史文化密切相关的自然地貌、水系、风景名胜、古树名木；反映历史风貌的建筑群、街区、村镇；各级文物保护单位；民俗精华、传统工艺、传统文化等。保护目标应根据保护对象的现状和性质而定，还要兼顾地区经济文化发展的要求。

历史文化名城保护从国际范围来看，属于典型的景观规划设计。其中历史文化名城的特色是进行景观规划设计的重要依据之一，而景观规划设计也是保护历史文化名城的主要手段。但在国内长期形成的概念是：历史文化名城保护是城市规划的任务之一。其实，在满足城市规划原则要求的前提下，运用景观规划设计的理论和方法来保护历史文化名城，能做得更好，如意大利的古城佛罗伦萨、瑞士的伯尔尼等。

（二）城市绿地系统

城市绿地系统规划是指对各种城市绿地进行定性、定位、定量的统筹安排，形成具有合理结构的绿色空间系统，以实现绿地所具有的生态保护、游憩休闲和社会文化等功能的活动。城市绿地系统规划是城市总体规划的重要组成部分，也是指导城市园林绿地详细规划和城市绿地建设管理的重要依据。城市绿地系统规划一般有两种形式。

1. 城市总体规划的组成部分

其任务是调查与评价城市发展的自然条件，协调城市绿地与其他各项建设用地的关系；确定城市公园绿地和生产防护绿地的空间布局、规划总量和人均定额。

2. 专项规划

其主要任务是以区域规划、城市总体规划为依据，预测城市绿化各项发展指标在规划期内的发展水平，综合部署各类各级城市绿地，确定绿地系统的结构、功能和在一定的规划期内应解决的主要问题；确定城市主要绿化树种和园林设施以及近期建设项目等，从而满足城市和居民对城市绿地的生态保护和游憩休闲等方面的要求。这是一种针对城市所有绿地和各个层次的系统规划，包括以下几个方面的内容：确定城市绿地系统规划的目标及原则；根据国家统一的规定及城市自身的生态要求，国民经济计划，生产、生活水平以及城市发展规模等，研究城市绿地建设的发展速度及水平，拟定城市绿地的各项指标；选择和合理布局各项绿地，确定其性质、位置、范围和面积等，使其与整个城市总体规划的空间结构相结合，形成一个合理的系统；提出各类绿地调整、充实、改造、提高的意见，进行树种及生物多样性保护与建设规划，提出分期建设与实施措施及计划；编制城市绿地系统规划的图纸及文件；对重点公园绿地提出规划设计方案，提出重点地段绿地设计任务书以备详细规划使用。

（三）景观规划设计的一般程序

设计程序是指对某一地区完整的景观规划设计所进行的一系列脉络过程，同时也是一整套描述设计中分析思考的步骤，使最终呈现出的效果达到预期。一般说来，设计程序包含着许多合理的甚至是必需的步骤，它们对实现预期设计目标是不容小觑的。

1. 设计工作程序的作用

建立一个完整的富有逻辑关系的构架体系并且寻求解决方案；有助于确定如景观资源、场地条件、游憩设施、工程造价等方案与基本条件能否契合；可通过方案的筛选从中选择出优化方案；能作为对建设方解读设计意图的最原始的基本资料。

2. 设计工作流程

（1）调查研究阶段

调研阶段分三步走：基础资料。主要以文字、技术图纸为主，是直接与景观规划设计相关的资料；现场素材。它是作为基础素材的补充资料，即是通过搜集现场过程中得到的素材；资料整理。把整理得来的最重要、最突出的资料分门别类，以便利用。可综合勾画出大致架构，确定基本形式，作为后期设计的参考依据。

（2）编写计划任务书阶段

编写计划任务书，应先明确有关规范、性质及设计依据，还需明确地区气候特征、周围环境、面积大小，明确功能分区，拟定艺术形式的布局、整体风格统一和卫生要求，最后是依据地形地貌制定分期实施计划和近期、远期投资及单位面积造价定额分配。

（3）总体景观规划设计阶段

总体设计按创作思维过程来说，共分为五个阶段：立意、概念构思、布局组合、草案设计、总体设计。

①立意。简单说来就是设计师想要表达的最基本的设计意图。

②概念构思。紧接着就需概念性地对环境分析、活动设立、功能布局、流线组织等展开设计构思操作，也称为概念构思。

③布局组合。布局组合其实是一个协调的过程，包括两个方面：结构形式与内容，全面考虑设计对象的内容、规模、性能、作用、赏游需求。

④草案设计。草案设计是将概念布局变为总体设计的必经之路，初步意向定位所有的要素安置于正确的位置上，但还是属于粗略整合。

⑤总体设计。最后的结果都体现在总体设计上，也是全部设计工作的重要环节。将草案部分的内容，推敲得更为精细化，更加具有艺术效果，大多是通过设计图纸及文字文件作为表达形式。

（四）景观生态规划的内容

傅伯杰认为，景观生态规划与设计的基本内容应包括景观生态分类、景观生态评价、景观生态设计、景观生态规划和实施四个方面的内容。王仰麟则把景观规划与设计的基本内容表述为区域景观生态系统的基础研究、景观生态评价、景观生态规划与设计生态管理建议四部分。捷克斯洛伐克的景观生态规划研究则主要包括景观生态分析、景观生态综合、景观数据的解释、景观生态评价、景观优化利用建议前提等几方面内容。综观研究内容的描述可以看出，其研究内容均是大同小异的，故总体可归为以下几方面：

1. 景观生态学基础研究

景观生态学基础研究，包括景观的生态分类、格局与动态分析、功能分化等内容，是从结构、功能、动态等方面对其景观生态过程予以研究。

2. 景观生态评价

景观生态评价，包括经济社会评价与自然评价两方面内容。即评价景观对现在用地状况的适宜性，以及对于已确定的将来用途的适宜性。

3. 景观生态规划与设计

根据景观生态评价的结果，探讨景观的最佳利用结构。

4. 景观管理

景观管理的职责一方面是负责景观生态规划与设计成果的实施；另一方面对于实施过程中所出现的问题，应及时反馈给景观生态规划与设计人员，使其对于规划与设计能够不断进行修改，使之完善。

值得注意的是景观生态规划客体的价值的多重性及空间分异。不少自然景观，如森林、湖泊等，都具有生态保护、旅游及经济开发等多重价值；同时，不少人类管理景观，如农业景观等，除提供农产品外也具有生态保护及旅游观光等多种潜在价值。但在同一时空条件下，这些价值往往是相互冲突的，如何考虑规划客体的空间分异规律，寻求缓解、协调这些价值冲突的空间解决途径，使景观最大限度地发挥其具有多重价值的功能及潜力，这正是景观生态规划所要解决的问题。

第二节　景观规划设计的思维与分类

一、景观规划的设计思维

景观规划设计是一个由浅入深、从粗到细、不断完善的过程，设计者应先进行基地调研，熟悉场地的视觉环境与文化环境，然后对与设计相关的内容进行概括和分析，最后拿出合理的方案，完成设计。这种先调研、再分析、最后综合的设计过程可分为五个阶段：设计场地实地调研分析、构思立意、功能图解、推敲形式、空间设计，其中更注重对后四个方面要点的掌握。

（一）构想理念

构想理念是景观规划设计的灵魂，是具有挑战性和创造性的活动。如果没有构想理念的指导，后期的设计工作往往就是徒劳。设计的构思立意来源于对场地的分析、历史发展文脉的研究、解决社会矛盾以及大众思想启迪等多方面，具体可分为两个方面，一个是抽象的哲学性理念，另一个是具象的功能性理念。

1. 抽象的哲学性理念

哲学理念是通过设计表达场所的本质特征、根本宗旨和潜在特点。这种立意赋予场所特有的精神，使景观规划设计具有超出美学和功能之外的特殊意义。如果设计植根于一个强有力的哲学理念，将产生强烈的认同感，使人们在经历、体验这样一个景观空间后，能感受到景观所表达的情感，从而引起人的共鸣。设计师需要发现并且揭示这种精神的特征，进而明确空间如何使用，并巧妙地把它融入有目的地使用和特定的设计形式中。抽象的哲学性理念来源于许多方面，如受哲学思想影响的东方园林，运用景观艺术营造出诗画般的意境空间；受现代艺术影响的景观规划设计，直接从绘画中借鉴灵感来源，用抽象的具有象征意义的手法来表现景观空间的特质；还有的从历史文脉入手，创造出具有民族文化特点的作品等。

（1）从历史文脉中获取灵感

人类创造历史的同时也创造了灿烂的文化。每个国家、每个民族都有其自身的独特文明。文化的美积淀了一个国家、一个民族的传统习惯和审美价值，它包含了人类对生活理想的追求和美好向往。如今的世界高速发展，各国家间的交流越来越频繁，这就造成了民族文化的缺失，在巴黎、纽约、北京看到的现代建筑和景观都是非常相似的，毫无城市特色可言。所以，从文化角度出发设计具有民族文化的作品势在必行。

（2）隐喻象征手法的运用

隐喻属于一种二重结构，主要表现为显在的表象与隐在的意义的叠合；象征是一种符号，象征的呈现，并不单纯表现其本身，通常有着更深层的意义。隐喻象征的手法给景观增添很多情趣，不同的人对于带有隐喻的设计符号的景观给予不同的解释，给空间带来独特的内涵，如哈普林在加利福尼亚州旧金山设计的"内河码头广场喷泉"是由一些弯曲的、折断的矩形柱状体组成。作为城市经历了剧烈地震所造成的混乱和破坏的象征物，它提醒人们这座城市坐落在不良的地质带之上。还有的设计师用圆形来隐喻生命的周期，如位于伦敦海德公园里的戴安娜王妃纪念喷泉。它是一个巨大的环形喷泉，设计者用圆形象征生命的轮回；喷泉其中一面的水会潺潺而流象征戴安娜王妃生命中快乐的日子；而另一面则是翻腾的水流夹带着小石子，象征戴安娜王妃生命中喧嚣的时刻；喷泉两面不同速度的水流最终汇聚在平静的水池中，象征戴安娜王妃现在的宁静。

（3）场所精神的体现

场所精神，是根植于场地自然特征之上的，对其包含及可能包含的人文思想与情感的提取与注入，是一个时间与空间、人与自然、现世与历史纠缠在一起的，留有人的思想、感情烙印的"心理化地图"。中国的古典园林讲求的意境就是一种场所精神的表现，把自然山水与人的思想融合，从而使园林的美不只停留在审美的表象，而具有更深的内涵，形成了一种情感上的升华。

2.具象的功能性理念

具象的功能性理念是指设计的立意源自解决特定的实际问题，如减少土壤侵蚀、改善排水不良地面、保护生态、减少经济投入等问题，具有积极的现实意义。解决这些问题可能不像哲学性理念那样有一个很明确的场所情感，但它却常影响最终的设计形式。具象的功能性理念在景观规划设计中主要体现在以下几方面：

（1）从解决场地的实际问题入手

场地的实地调研是设计的基础，往往也是设计灵感的来源。因为在调研时设计师对场地就产生了感知，也就是说设计师已经品读了场地的"气质"，这可能刺激设计的灵感。在调研过程中通过分析得到的场地的地域地貌特征，有被保留利用的积极因素，也有给设计造成困难的不可动元素，而这些问题就需要设计师从解决实际问题入手。有的利用场地保留的元素做"文章",也有的把目光放在了那些给设计造成困难的不可动元素上。

（2）从生态保护角度入手

景观设计师要处理的对象是土地综合体的复杂问题,他们所面临的问题是土地、人类、城市和一切生命的安全与健康以及可持续发展的问题。很多的景观设计师在设计中遵循生态的原则,遵循生命的规律,并以此为设计的立意之本。如反映生物的区域性;顺应基址的自然条件,合理利用土壤、植被和其他自然资源;依靠可再生能源,充分利用日光、自然通风和降水;选用当地的材料,特别是注重乡土植物的运用;注重材料的循环使用并利用废弃的材料以减少对能源的消耗等。

（二）设计图解

在确定了设计立意之后,还应该根据设计内容进行功能图解与分析。每个景观规划设计都有特定的使用目的和基地条件,使用目的决定了景观规划设计所包括的内容,这些内容有各自的特点和不同的要求,因此,需要结合基地条件合理地进行安排和布置,一方面为具有特定功能的内容安排相适应的基地位置,另一方面为某种基地布置恰当内容。尽可能地减少功能矛盾,避免动静分区交叉冲突。景观规划设计功能分析有如下几方面的内容:找出各使用区之间理想的功能关系;在基地调查和分析的基础上合理利用基地现状条件;精心安排和组织空间序列。

1.功能图解的定义与目的

功能图解是一种随手勾画的草图,它可以用许多气泡和图解符号形象地表示出设计任务书中要求的各元素之间以及与基地现状之间的关系。功能图解以符号形象地表示出基地分析和基地设计条件图。

功能图解的目的就是要以功能为基础做一个粗线条的、概念性的布局设计。它们的作用与书面的简要报告相似,就是要为设计提供一个组织结构,功能图解是后续设计过程的基础。

功能图解研究的是与功能和总体设计布局相关的多种要素，在这个阶段不考虑具体外形和审美方面的因素，因为这些都是以后才考虑的问题。

设计师通过功能图解的图示语言就整个基地的功能组织问题与其他设计师或业主进行交流。这种图形语言使构思很快地表达出来。在初始阶段，设计师脑中会浮现大量图像画面或是构思，通过功能图解可以将它们形化、物化。有些构思可能较具体，而另一些则较概括模糊，这时就需要将它们快速画在纸上以便日后进一步深入。画得越快，其构思的价值大小就越容易判断。由此可见，功能图解的图形语汇对于快速表达而言，是不可多得的工具。此外，由于功能图解是随手勾画的，形式很抽象概括，所以改动起来十分容易。这有利于设计师探寻多个方案，最终获得一个合适的设计方案。

2.功能图解的重要性

功能图解对整个设计很关键，因为它能为最终方案奠定一个正确的功能基础；使设计师保持这种宏观层面上对设计的思考；使得设计师能够构想出多个方案并探讨其可能性；使设计师不只是停留在构思阶段，而是继续迈进。

（1）建立正确的功能分区

一个经过审慎考虑的功能图解将使后续的设计过程得心应手，所以它的重要性不管怎么强调都不过分。合理的功能关系能保证各种不同性质的活动、内容的完整性和整体秩序性。这个时期做出的决定将会一直贯穿在接下来的设计中，因此，它必须是正确的，如果不对，那么在后几个阶段问题就会接二连三地冒出来。请记住：设计的外观包括形式、材料和图案都不能解决功能上的缺陷。所以设计一开始就要有一个正确的功能分区。

（2）保持宏观思考

没有经验的设计师最常犯的一个错误就是一拿到设计，就在平面上画很具体的形式和设计元素。例如平台、露台、墙和种植区的边界线在功能考虑得还不是很充分的情况下就赋予了高度限定的形式。类似的，材料及其图案的位置和对应的功能还没敲定，就画得过细。像这样，太早关注过多的细节会使设计师忽略一些潜在的功能关系，功能图解中的空间应该用气泡徒手勾画，而不用画出具体形式。

先总体考虑再深入做细节设计的另一个原因就是时间因素。因为在设计过程中改动是不可避免的，太早确定细节后再更改将会造成时间浪费。当然，在每个设计阶段都会有变更，但是在初始阶段，如果用功能图解的图形语言合适地组织总体功能的话，改动起来就十分迅速，耗费的精力也少。

3.探讨多种方案

显而易见，随着设计经验的增多，设计师将会在脑中积累许多构思。不管是通过拍照还是实地去体验，设计师都会画大量的图作为将来的参考。这些大脑中的构思存档很有价值，每一个设计师都通过设计和亲身体验来扩充大脑中的"构思"库，这种视觉信息的宝库直接促成最初的构思。有时这些构思很对路，随之结果方案很快就成形了。

（三）形式表达

从概念到形式的跳跃被看成是一个再修改的组织过程。在这一过程中，那些代表概念的圆圈和箭头将变成具体的形状，可辨认的物体将会出现，实际的空间将会形成，精确的边界将被绘出，实际物质的类型、颜色和质地也将会被选定。

1.主要设计元素

设计元素类型很多，主要有下列几种：

（1）点

点是构成形态的最小单元，不仅具有大小、位置，而且随着组织方法的不同，可以产生很多效果。比如，点可以排列成线，单独的点元素可以起到加强某空间领域的作用。当大小相同、形态相似的点被严谨地排成阵列时，会产生均衡美与整齐美。当大小不同的点被群化时，由于透视的关系会产生或加强动感，富于跳动的变化美。

（2）线

线存在于点的移动轨迹，面的边界，以及面与面的交界或面的断、切截取处，具有丰富的形状，并能形成强烈的运动感。线从形态上可分为直线（水平线、垂直线、斜线）和曲线（弧线、螺旋线、抛物线、双曲线及自由线）两大类。在景观设计中有相对长度和方向的同路长廊、围墙、栏杆、溪流、驳岸、曲桥等均为线。

（3）形体

当面被移位时，就形成三维的形体。形体被看成是实心的物体或由面围成的空心物体。就像一座房子由墙、地板和顶棚组成一样，户外空间中形体由垂直面、水平面或底面组成。把户外空间的形体设计成完全或部分敞开的形式，就能使光、气流、雨和其他自然界的物质穿入其中。

2.几何形体思维模式

重复是组织中一条有用的原则。如果人们把一些简单的几何图形或由几何图形换算出的图形有规律地重复排列，就会得到整体上高度统一的形式。通过调整大小和位置，就能从最基本的图形演变成有趣的设计形式。几何形体开始于三个基本的图形，即正方形、三角形、圆形。

从每一个基本图形中又可以衍生出次级基本类型：从正方形中可衍生出矩形；从三角形中可衍生出 45°/90°和 30°/60°的三角形；从圆中可衍生出各种图形，最常见的包括两圆相接、圆和半圆、圆和切线、圆的分割、椭圆、螺线等。

3.自然的形式

在一个项目处于研究阶段时，当收集到关于场地和使用者的信息后，可能会在进一步的设计中明显产生一种必须用自然形式设计的感觉。许多理由使设计者感觉到应用有规律的纯几何形体可能不如使用那些较松散的、更贴近生物有机体的自然形体。这可能是由场地本身决定的。展示最初很少被人干预的自然景观或包含一些符合自然规律的元素的景观与人为地把自然界的材料和形体重新再组合的景观相比，更易被人接受。

另一种情况，这种用自然方式进行设计的倾向根植于使用者的需求、愿望或渴望，同场地本身没有关系。事实上场地可能位于充满人造元素的城市环境中，然而业主希望看到一些柔软的、自由的、贴近自然的新东西。同时，开发商需要树立具有环保意识的形象，他们展示的产品要能唤起公众的生态意识或他们的服务将利于保护自然资源。如此一来，设计者的概念基础和方案最终就同自然联系在一起了。

建筑环境和自然环境联系的强弱程度取决于设计的方法和场地固有的条件。在自然式图形的王国存在一个含有丰富形式的调色板，这些形式可能是对自然界的模仿、抽象或类比。

模仿是指对自然界的形体不做大的改变，如可循环的小溪酷似山涧溪流。抽象是对自然界的精髓加以提炼，再被设计者重新解释并应用于特定的场地。它的最终形式同原物体相比可能会大相径庭，如平滑的流线型道路看似人工之物，但它的设计灵感却来自自然界蜿蜒的小溪。

类比是来自基本的自然现象，但又超出外形的限制。通常是在两者之间进行功能上的类比。如人行道上的明沟排水道的流向是小溪的类比物，但看起来同真实的小溪又完全不同。

二、景观规划设计的分类

（一）依据尺度分类

景观规划设计有很多种划分的方法，被广泛认可和运用的是将景观设计通过涉及面积的大小分为从国土尺度到细部尺度的六种划分方法，其具体内容为：

1.国土尺度

此尺度涉及的景观面积通常在 100 至 1000 千米范围内，这种尺度的景观设计将关注点放在区域土地利用规划、经济发展战略布局以及行政区域内的交通运输与基础设施规划上。生态学、地理学、气候学、社会学及经济学在这一尺度的设计中起着重要的作用，这个尺度的景观设计通常以区域平面图、地图的形式呈现。

2.城市尺度

此尺度涉及的景观面积通常在 10 至 100 千米的范围内，这种尺度的景观设计主要是在城市格局内，对地形、生态、交通、经济与商业等方面进行分析与规划，其成果是城市区域概念规划或详细规划。此类规划与设计以平面分析图及模型为表现手法。

3.社区区域尺度

此尺度涉及的景观面积通常在 1 至 10 千米范围内，这种尺度的景观设计多以城市街道、城市大型居住区、大型公共公园空间或乡村村落的形式呈现。在这一尺度的设计中，除考虑交通系统、经济状况、土地特征、气候条件外，还应重点对文化特色，包括城市风貌、夜景观照明、城市导视及户外广告系统、水景观系统等与视觉景观效果相关联的项目进行分项设计。综合经济指标的分项也是十分重要的，平面图、鸟瞰图、轴测图、剖面图、立面图和较小比例的模型都是设计中所必需的。

4.街区广场尺度

此尺度涉及的景观面积通常在 100 至 1000 米范围内，这种尺度景观设计是要通过分项与设计，创造出具有创新意义、能引起人们注意的场所，这类场所包括城市公共广场、小型街道、住宅小区、村庄聚落、小公园等空间。此类型景观空间在设计中主要以人的空间综合感受为依据，强调人在这类空间中的视觉、触觉的舒适感和精致感。艺术化的细部处理在此类尺度景观设计中也非常重要。

此尺度的设计表达仍是以平面图为主，但要加入以人的正常视点绘制的局部透视图或轴测图，对局部或细部的做法进行必要的注释和说明。剖面图与平面图也是十分重要的，而且平面图和剖面图经常会被加入彩色与阴影，使之看上去更加直观和形象化。模型通常也是必不可少的。

5. 庭园空间尺度

这是花园与小公园的尺度，通常在 10 至 100 米范围内，这种尺度的景观设计关注的是细部要素的空间组织，创新性原则尤其重要。为某个特定场所创造独特的空间环境和气氛是此种尺度景观设计的主要目的，设计师在考虑设计因素时要对土地形状、微气候条件、人的活动方式及特点进行较仔细的分析，方案要考虑到地面铺装、墙面质地及色彩、植物种植等各种细节，视觉因素起着十分重要的作用。

此尺度仍是以平面图表现为主，但剖面图用于表现场地的微地形变化，透视效果图和轴测图是阐释平面方案细部的重要手段。

6. 景观细部尺度

此尺度涉及的景观面积通常在 1 至 100 米范围内，实际上这一尺度主要是景观的个体与细部，如铺装细节、材料、色彩、个体植物等。此种尺度主要揭示设计师细致的艺术手法与技术的综合表现，检验景观整体的优劣在于其施工图细部组合与施工实施过程中的装配是否合理、精密。

此尺度的设计表达主要靠综合图纸表现，平面图、剖面图及节点施工图是这一尺度表达的主要用图。

（二）依据空间形态分类

从具体设计对象的空间形态角度，现代景观规划设计又可以分为点状景观空间设计、线状景观空间设计以及面状景观空间设计。

1. 点状景观空间设计

点状景观空间设计主要包括住宅的庭园，街头的绿地、小品、雕塑，街心的小公园或者是形象鲜明的十字路口以及有特色的各种入口等，其中住宅的庭园主要是为了在房屋与场地，个人爱好与家庭生活以及视觉审美和精神愉悦等方面，建立和谐而富有一定品质的关系。这种关系的质量可以因时间和环境氛围的不同而变化，也可以因居住者的性情和其中自然要素性质的不同而变化。总体而言，这一类景观的总体特征是景观的空间尺度较小且主体元素突出，较易被人所感知和把握。

2.线状景观空间设计

线状景观空间设计主要包括大都市宽阔而繁忙的交通干道，中小城市的步行街道以及沿着水岸的滨水休闲绿地，如海岸与河岸等。另外，从更广阔的范畴来看，线状的景观空间还包括自然界的生物迁徙和进行物质能量交换的生态走廊，所以对线状景观空间的设计也要兼顾到人群行为、视觉审美和环境生态等多方面的内容。

承载繁忙交通的大都市景观大道一方面要组织好机动交通和非机动交通，另一方面还要考虑到人们在运动的特殊情况下的视觉特征来组织景观元素，以求获得优美的视觉形象。另外，在景观大道的路边还应考虑种植树木和花卉，以缓解繁忙的交通所带来的生态压力。

城市步行街道所承载的功能主要有商业、文化娱乐和休闲场所等内容。步行街的空间尺度往往不是很大，街道宽度（D）与两侧建筑的高度（H）之间的比值，即 D/H ≥ 1 时，步行街的空间较为适宜。步行街上精巧的店面、琳琅满目的广告灯箱、丰富多样的街道家具以及充满趣味的环境小品，都为人们的街道生活提供了充分的物质基础。

滨水面的沿岸景观设计要先考虑到防洪，景观的组织要结合防洪的堤岸。通常会在挑高的堤岸上设置观景平台和步行道路，并在道路两边种植护岸的树木和安置便于游人休息的座椅与凉亭等设施，以满足人们的休闲娱乐需求。线状的生态廊道是为野生动植物预留的、具有一定宽度的、便于其迁徙和进行物质能量交换的通道。在这样的生态廊道中，人们应该对廊道的脆弱性进行客观地评估，并依据评估的结果尽量减少甚至有时完全不在这样的通道中进行人为的建设活动，减少人类活动对自然系统的干扰，保护物种的生存，以获得更大的生态效应。在我们生存的土地上，连续的河道、高山之间的峡谷以及城市之间的农田都是景观的生态廊道。我们只有尽量保持廊道的连续和畅通，才能在这样的基础上进行适量的景观和旅游开发。

3. 面状景观空间设计

面状景观设计主要是指尺度较大、空间形态较丰富的景观类型，从局部的城市广场到部分的城区，有时甚至是整个城市，都会被作为一个整体的面状景观而进行综合的设计与考虑。因此，面状景观较点状和线状景观更加复杂，甚至可以认为，面状景观就是点状景观和线状景观的整合。在城市中，面状景观主要包括大型公园、繁华的商业区和综合性的居住社区。大型的城市公园是以自然要素为主，以改善城市生态环境为主要目的的景观空间。在这一类的景观空间中，通常会保持基地原有的生物群落并尽量减少对其的干扰，以求获得最大的生态效应。大型的商业区景观设计主要强调的是对密集人流及其活动、人造景观元素以及其所形成的空间结构进行良好的组织。在这一类的景观环境中，如何组织人流有序的活动并激发其开发丰富多彩的、健康的社会活动是设计的重点。

大型的居住区景观设计主要是围绕如何创造一个适宜人居住的环境来进行的。在景观规划设计之初，就要在充分考虑当地气候特征的情况下，巧妙地利用建筑所形成的视觉走廊、风道、阴影以及当地植物形成各种公共或者私密的户外空间，以便于人们放松身心和休憩。

第三节　园林景观规划设计的原理

一、使用者场所行为心理设计

（一）环境心理学特征

在对于环境行为现象的研究中，通过研究环境知觉、环境认知、人的活动与空间及设备的尺度关系、空间行为学——私密性、公共性、领域、拥挤感等来把握使用者的普遍心理现象。使用者场所行为心理设计主要涉及各种尺度的环境场所、使用者群体心理以及社会行为现象之间的关系和互动。

（二）行为空间与环境

行为空间是指人们活动的地域界限，它包括人类直接活动的空间范围和间接活动的空间范围。直接活动空间是人们日常生活、工作、学习所经历的场所和道路，是人们通过直接的经验所了解的空间；间接活动空间是指人们通过间接的交流所了解到的空间，包括通过报纸、杂志、广播、电视等宣传媒体了解的空间。

1. 气泡

气泡是由爱德华·T·霍尔提出的个人空间的概念。人体上下肢运动所形成的弧线决定了一个球形空间，这就是个人空间尺度——气泡。人是气泡的内容，也是这种空间度量的单位，也是最小的空间范围。个人空间受到人格、年龄、性别、文化、情绪等因素的影响。人际距离和交往方式密切相关。

2. 拥挤感和密度

在人与人接触过程中，当个人空间和私密性受到侵犯时，或在高密度的情况下都会引起一种消极反应与拥挤感。影响人们是否产生拥挤感的因素包括个体的人格因素、人际关系、各种情境因素以及个人过去的经验和容忍性，最主要的影响因素是密度。

3. 私密性

私密性是指对生活方式和交往方式的选择与控制。可以概括为行为倾向和心理状态两个方面。私密性分为四种表现方式：独处、亲密、匿名和保留。它是人们对个人空间的基本要求。

私密性的功能也可以划分为四种：自治、情感释放、自我评价和限制信息沟通的功能。人们在空间大小、边界的封闭与开放等方面为私密性提供不同的层次和多种灵活机动的特性。

4. 领域性

领域性是个人或群体为满足某种需要拥有或占用一个场所或区域，并对其加以人格化和防卫的行为模式，是所有高等动物的天性。人类的领域行为有四点作用，即安全、相互刺激、自我认同和管辖范围。

环境设施也具有领域性，确保空间领域性的形成是保证环境的空间独立性、适宜性的基础。如亭的存在，设施领域性形成；人们离去，人在亭的领域性消失，亭又转变为公共性空间。

因为空间大体有三类：滞留性、随意消遣性和流通性。所以在园林景观设计中要特别注意空间的尺度对人心理的影响，可以通过植物、矮墙，或者某些构筑物来增强滞留空间使用者的私密性，也可以通过不提供适宜滞留领域空间来暗示使用者流动空间的性质，从而提高流动空间的效率。人与人之间过度的疏远和靠近都会造成一种心理上的不安定。

5. 场所

舒尔茨在《场所精神—关于建筑的现象学》中认为"场所是有明显特征的空间"，场所以空间为载体，以人的行为为内容，以事件为媒介。场所依据中心和包围它的边界两个要素而成立，定位、行为图示、向心性、闭合性等同时作用形成了场所概念。场所概念也强调一种内在的心理力度，吸引支持人的活动。例如，公园中老人们相聚聊天的地方、广场上儿童们一起玩耍的地方。从某种意义上来讲，园林景观设计是以场所为设计单位的，设计出有特色的场所，将其置于建筑和城市之间，相互连贯，在功能、空间、实体、生态空间和行为活动上取得协调和平衡，使其具有一定完整性，并且让使用者体验美感。

（三）使用者在环境中的行为特征

人的行为往往是园林景观规划设计时确定场所和流动路线的根据，环境建成以后会影响人的行为，同样，人的行为也会影响环境的存在。

1. 行为层次

行为地理学将人类的日常活动行为分为以下方面：通勤活动空间，购物活动空间，交际与闲暇活动空间。

另外的分法将人类行为简单分类，大概可以分为以下三类：强目的性行为也就是设计时常提到的功能性行为，如商店的购物行为、博览园的展示功能；伴随主目的的行为习性，如在到达目的点的前提下，人会本能地选择最近的道路；伴随强目的行为的下意识行为，这种行为体现了一种人的下意识和本能，如人的左转习惯。

2. 行为集合

为达到一个主目的而产生的一系列行为即行为集合，例如，在设计步行街时，隔一定距离要设置休息空间，以及通过空间的变化来消除长时间购物带来的疲劳等。

3. 行为控制

在设计花坛的时候，为了避免人在花坛上躺卧可以将尺度设计得窄些。这就是对人的行为的控制作用。

（四）场所与行为

在人与环境的关系中，人会自觉或不自觉地适应现实环境，并且产生行为；而另一方面，我们控制和设计一种环境，有意引导人们产生积极、理想的行为。

作为一个完整的过程，园林景观设计应从人的行为心理和活动特点出发，以建立良好的整体工作和生活环境。园林景观设计要建立这样的设计观念和思路——"依据行为分析、总体分析构成环境构成、景观要素"，只有这样才能真正做到使园林环境景观有良好的空间质量和功能性。在设计中为了很好地发挥场所的效应，要从人的行为动机产生与发展的角度，分析一切行为的内因的变化和外因的条件。

环境场所要达到上述效应，往往在设计中增设必要的景观设施，以满足从事各种活动所需的物质条件，来扩大室外空间的宽容性。如坐的空间、看的空间、被看的空间、听的空间、玩的空间等。对于不同人表现出的主动参与、被动参与和旁观者参与的各种行为，景观应起诱导公众积极参与的功能，使"人尽其兴，物尽其用"。

在入口通道的两侧布置休息设施时，使用者对这种夹道欢迎往往"望而生畏"，在众目睽睽中会感到"无地自容"。人们又总是喜欢选择有依靠的位置，前方视野开阔，面对活动着的人群，满足"人看人"的爱好，而不是处于空旷地，没有安全感。

从"场所中人的行为心理分析"中可以看出人们倾向于在实体边界附近集聚活动。考虑人的行为而设计的不同的景观与休息场所，满足各种不同社交活动的需要。在公共场合中，人们有时希望能有与别人交谈的场所，有时又希望与人群保持一定的距离，有相对僻静的小空间，如"依人的需求设计的休息凳椅"。因此，设计应提供相对丰富，有一定自由选择范围的环境。

例如，公园的线路设计，在公园的主体建设完成后，剩下了部分草坪中的碎石铺路还没有完成。以往在很多地方我们可以发现，游园或草坪中铺设了碎石或各种材质的人行道，但在其周围不远的地方常常有人们踩出来的脚印。这说明我们设计铺设的线路存在一定的不合理性。因此，最佳的做法是等冬天下雪后，观察人们留下最多的脚印痕迹以确定碎石的铺设线路。这既充分考虑了人的行为，又避免了不合理铺设路线对财力物力的浪费。在规划设计中，良好的处理方法是充分考虑人的行为习性，按照人的活动规律进行路线的设计。

（五）使用者对其聚居地的基本需要

1. 安全性

安全是人类生存的最基本的条件，包括生存条件和生活条件，如土地、空气、水源、适当的气候、地形等因素。这些条件的组合要可以满足人类在生存方面的安全感。

2. 领域性

领域性可以理解在保证有安全感的前提下，人类从生理和心理上对自己的活动范围，要求有一定的领域感，或领域的识别性。领域的确定，人们才有安全感。在住区、建筑等具有场所感的地方，领域性体现为个人或家庭的私密或半私密空间，或者是某个群体的半公共空间。一旦有领域外的因素入侵，领域感受到干扰，领域内的主体就会产生不适感或戒备因素。领域性的营造可以通过植被的设计运用实现。

3. 通达性

无论是远古人们选择居住地，还是修建一个舒适的住所，人们都希望有可以观察四周的视线和危险来临时迅速撤离的通道。现在，人们除了有安全舒适的住所外，一般来讲，没有自然灾害的情况下，人们一样会选择视线开阔，能够和大自然充分接触的场所。即在保证自己的领域性的同时，希望能和外界保持紧密地联系。

4. 对环境的满意度

人们除了心理和生理上的需求外，还有一种难以描述清楚的对环境的满意度，可以理解为对周围的树林、草坪、灌木、水体、道路等因素的综合视觉满意程度。人们虽然无法提出详细、具体的要求目标，但对居住地和住所有一个模糊的识别或认可的标准，例如可以划分为：喜欢、不喜欢、厌恶；满意、一般、不满意等。

了解人类的基本空间行为和对周围环境的基本需求，在景观设计时心里就有一个框架或一些原则来指导具体的设计思路和设计方案。因此，行为心理学是景观设计过程中内在的原则之一，它虽然不直接指导具体的设计思路，但却是方案设计和确定的基础，否则设计的方案只是简单的构图，不能很好地给使用者提供舒适的活动空间和场所。此外，简单的构图创作除了不能满足使用功能外，还会造成浪费大量项目建设资金以及由于管理不善引起的资金流失。

二、场所空间应用设计

空间是我们人类所有行为的场所。设计者在设计过程中使用"空间"这个词，是用来形容由环境元素中的边线和边界所形成的三维的空处、场所或空洞。场所空间的创造是园林设计的基本目的。在用地规划、方案设计、景区布置时，厘清各功能区之间的功能关系及其与环境的关系后，在此基础上还需将其转化为功能性的可用的空间。

（一）感受场所空间

场所空间指的是为人提供公共活动的空间，如街道、广场、庭院、入口空间、娱乐空间、休息空间、服务空间等，因此每个空间都因其组成的基地元素，如地面、植物材料、人行道、墙体、围栏以及其他的结构的不同，使其具有特定的形状、大小、材质、色彩、质感等性质，这样综合地表达了空间的质量和空间的功能作用，影响并塑造着人们对城市环境空间的视觉感受。

空间包含地面、顶面、垂面三个组成部分。一个成功的场所空间营造就是要采用合适的材质对三个面的赋予、安排。如地面可以采用不同色彩的地砖、草坪（地砖可以有不同的形状、大小、颜色；草坪可以有不同纹理等特点）；顶面可以采用硕冠的乔木，凉亭、棚架、藤架等；垂面的构成可以采用小乔木、栅栏或矮墙加藤类植物等。在设计中结合色彩、质地、纹理等方面采用不同的素材，并加以适当的安排可以成功地营造出人性化的场所空间。

现代城市往往过分强调建筑单体和城市的功能，而忽略公共空间中人的活动，忽略庇护与场所的作用。如在空旷的场地上竖起一堵墙，就有了向阳面和背阳阴影面，在不同季节和气候下，或沐浴阳光，或纳凉消暑，人们各得其所，景观中对围护面的合理布局，将有利于创造户外宜人的空间。

场所空间会让人形成对特定空间的审美知觉。当人们活动于其中时，又会以自己前后左右的位置及远近高低的视角，在对周围建筑景观的观看中形成各种不同的空间感受及空间的心理审美。

（二）空间的形式

园林空间有容积空间、立体空间以及两者相合的混合空间。容积空间的基本形式是围合，空间为静态的、向心的、内聚的，空间中墙和地的特征较突出。立体空间的基本形式是填充，空间层次丰富，有流动和散漫之感。设计空间应充分发挥自己的创造力。例如，草坪中的一片铺装或伸向水中的一块平台，因其与众不同而产生了分离感。这种空间的空间感不强，只有地这一构成要素暗示着一种领域性的空间。再如，一块石碑坐落在有几级台阶的台基上，因其庄严矗立而在环境中产生了向心力。由此可见，分离和向心都形成了某种意义和程度上的空间。

（三）空间的组织

空间组织包括空间个体和空间群体两方面。单个空间的设计中应注意空间的大小和尺度、封闭性、构成方式、构成要素的特征（形、色彩、质感等）以及空间所表达的意义或所具有的性格等内容。多个空间的设计则应以空间的对比、渗透、序列等关系为主。

1. 空间的尺度与大小

尺度是空间具体化的第一步。在场所空间被使用的时候，应该以人为尺度单位，考虑人身处其中的感受。在人的社交空间中，尺度的界限也存在。

从人际交往关系看，0.45 米是较为亲昵的距离。0.45 至 1.3 米是个人距离或者私交距离。3 至 3.75 米是社会距离，指和邻居同事之间的一般性谈话距离。3.75 至 8 米为公共距离，大于 30 米的距离是隔绝距离。

从另一角度看，20 至 25 米见方的空间，人们感觉比较亲切，能辨认出对方的脸部表情和声音。距离超出 110 米的空间，肉眼只能辨别出大致的人形和动作，这尺度也称为广场尺度，超出这一尺度，才能形成宽阔的感觉。390 米的尺度是创造深远宏伟感觉的界限。

空间的大小应视空间的功能要求和艺术要求而定。大尺度的空间气势壮观，感染力强，常使人肃然起敬，多见于宏伟的自然景观和纪念性空间。有时大尺度的空间也是权力和财富的一种表现和象征，小尺度的空间较亲切怡人，适合于大多数活动的开展，在这种空间中交谈、漫步、坐憩常使人感到舒坦、自在。

2. 空间的围合与通透

空间的围合与通透程度，首先与垂直面的高度有关。垂直面的高度有相对高度和绝对高度。相对高度是指墙的实际高度和视距的比值，通常用视角或高宽比 D/H 表示。绝对高度是指墙的实际高度，当墙低于人的视线时空间较开敞，高于视线时空间较封闭。空间的封闭程度由这两种高度综合决定。

空间围合与通透程度的另一因素是墙的连续性和密实程度。同样的高度，墙越空透，围合的效果就越差，内外的渗透就越强。垂直面的位置设置、组织方式对人的行为也有很大影响，不同位置的墙面所形成的空间封闭感也不同，其中位于转角的墙的围合能力较强。另外同样一堵墙，在它中间开个口时，对人的视线与行为引导就大不一样，使空间由静止转变为流动，由闭塞转向开放。

3. 空间的实与虚

通过空间的垂直墙面创造空间的虚实关系。

（1）虚中有实

以点、线、实体构成虚的面来形成空间层次，如马路边上的人行道树、广场中照明系统、雕塑小品等都能产生虚中有实的围护面，只是对空间的划分较弱。

（2）虚实相生

墙面有虚有实，如建筑物的架空底层、景廊大门等，既能有效划分空间，又能使视线相互渗透。

（3）实中有虚

墙面以实为主，局部采用门洞、景窗等，使景致相互借用，而这两个空间彼此较为独立，如商业区的骑楼建筑。

（4）实边漏虚

墙面完全以实体构成，但其上下或左右漏出一些空隙，虽不能直接看到另一空间，但却暗示另一个空间的存在，并诱导人们进入。

4. 空间的限定对比形式

空间与空间之间通过差异化的设计，让人产生不同空间感觉和体验。

覆盖空间：覆盖空间就是设计用植物或建筑小品等材料设置在空间的顶部产生覆盖效果。

设置空间：一个广阔的空间中有一棵树，这棵树的周围就限定了一个空间，人们可能会在树的周围聚会聊天，任何一个物体置于原空间中，它都起到了限定的作用。

隆起和下沉空间：高差变化也是空间限定较为常用的手法，如主席台、舞台都是运用这种手法使高起的部分突出于其他地方。下沉广场往往能形成一个和街道的喧闹相互隔离的独立空间。

空间材质的变化：相对而言，变化地面材质对于空间的限定强度不如前几种，但是运用也极为广泛。例如，庭院中铺有硬地的区域和种有草坪的区域会显得不同，是两个空间，一个可供人行走，而另外一个不可以。

5. 层次与渗透

空间的层次有向深部运动的导向，一是利用景观的组织使环境整体在空间大小、形状、色彩等的差异中形成等级秩序，如中国群体空间中多级多进的院落，在空间中分出近、中、远的层次，引导人们的视线进行向前、向远的渗透，从而吸引人们前进。二是从人的心理角度，建立起与环境认知结构相吻合的空间主次的划分。利用实体的尺度和形式有效划分空间，表现并暗示相关空间的重要性。三是以实体的特殊形式塑造环境的主角，尽管尺度相对小，也往往能从环境中脱颖而出。

没有层次就没有景深。中国园林景观，无论是建筑围墙，还是树木花草、山石水景、景区空间等，都喜欢用丰富的层次变化来增加景观深度。层次一般分为前（景）、中（景）、后（背景）三个大层次，中景往往是主景部分。当主景缺乏前景或背景时，便需要添景，以增加景深，从而使景观显得丰富。

空间层次的另一含义是讲究领域的组织，城市的环境空间要满足不同类型的领域的要求，如儿童乐园、老年人聚会场所等。如在广场的周边设立些提供庇护、不受侵犯的小空间，确保小范围的交际需求，体现对人的更多关怀。

空间的划分能丰富空间层次、增加景的多样性和复杂性、拉长游程，从而使有限的空间有扩大之感。

6. 空间的引导与序列

序列是指依据人的行为，空间上按功能依次的排列和衔接，时间，上按前后相随的次序逐渐过渡，景物的步移最易造成感觉，将人的行为转换成空间与之相对应。如何在空间的过渡中充分体现空间层次的序列变化，以景观节点形成连串的视觉诱导和行为激励，呈现一种向既定目标运动的趋向呢？

中国传统的空间序列"有起有伏，抑扬顿挫，先抑后扬"，不仅满足使用功能，而且让人获得良好体验。空间序列的组成一般有四个阶段：起始阶段、铺陈阶段、高潮阶段、终结阶段。

环境设计往往采用直接的方式，以良好的视觉导向，利用色彩、材质、线条等形成方向暗示，如铺地、绿化等组合；以开合、急缓、松紧等有节奏的配置形成空间的序列，如步行街、庭院等的设计，虽然不必追求强烈的空间序列感，但通过空间形态的收放、重复等变化加强空间的节奏使平淡的空间更亲切、更具魅力。

在绿化配置上，通过时而密植上中下层次的植物、时而开敞的草坪，丛植和孤植等植物配置来体现这种空间的疏密对比。

从导向性角度分析，空间设计中通过有意的引导和暗示能指引人们沿着一定的方向路线，从一个空间到另一个空间，获得了"柳暗花明又一村"的意境。如热闹，向有活动的地方聚集，疲劳时寻觅休息地，避风雨，选择有绿荫的空间，寻找具有社会认同的空间。一个建筑、一片水体、一件小品、一棵大树、一处色彩与材质的变化，在空间中都可能因为与周围环境的区别而备受关注，成为对人的行为的诱导。

第四章　园林工程施工与养护概述

第一节　园林工程施工的内容

一、园林工程施工项目及其特点

（一）园林工程施工具有综合性

园林工程具有很强的综合性和广泛性，它不仅仅是简单的建筑或者种植，还要在建造过程中，遵循美学特点，对所建工程进行艺术加工，使景观达到一定的美学效果，从而达到陶冶情操的目的；同时，园林工程中因为具有大量的植物景观，所以还要具有园林植物的生长发育规律及生态习性、种植养护技术等方面的知识，这势必要求园林工程人员具有很高的综合能力。

（二）园林工程施工具有复杂性

我国园林大多是建设在城镇或者自然景色较好的山、水之间，而不是广阔的平原地区，所以其建设位置地形复杂多变，因此对园林工程施工提出了更高的要求。在准备期间，一定要重视工程施工现场的科学布置，以便减少工程期间对于周边生活居民的影响和成本的浪费。

（三）园林工程施工具有规范性

在园林工程施工中，建设一个普普通通的园林并不难，但是怎样才能建成一个不落俗套，具有游览、观赏和游憩功能，既能改善生活环境又能改善生态环境的精品工程，就成了一个具有挑战性的难题。因此，园林工程施工工艺总是比一般工程施工的工艺复杂，对于其细节要求也就更加严格。

（四）园林工程施工具有专业性

园林工程的施工内容较普通工程来说要相对复杂，各种工程的专业性很强。不仅园林工程中亭、榭、廊等建筑的内容复杂各异，现代园林工程施工中的各类点缀工艺品也各自具有其不同的专业要求，如常见的假山、置石、水景、园路、栽植播种等工程技术，其专业性也很强。这都需要施工人员具备一定的专业知识和专业技能。

二、园林工程建设的作用

园林工程建设主要通过新建、扩建、改建和重建一些工程项目，特别是新建和扩建，以及与其有关的工作来实现的。

园林工程施工是完成园林工程建设的重要活动，其作用可以概括为以下几个方面：

（一）园林工程建设计划和设计得以实施的根本保证

任何理想的园林建设工程项目计划，任何先进科学的园林工程建设设计，均需通过现代园林工程施工企业的科学实施，才能得以实现。

（二）园林工程建设理论水平得以不断提高的坚实基础

一切理论都来自于实践，来自于最广泛的生产实践活动。园林工程建设的理论自然源于工程建设施工的实践过程。而园林工程施工的实践过程，就是发现施工中的问题并解决这些问题，从而总结和提高园林工程施工水平的过程。

（三）创造园林艺术精品的必经之途

园林艺术的产生、发展和提高的过程，就是园林工程建设水平不断发展和提高的过程。只有把经过学习、研究、发掘的历代园林艺匠的精湛施工技术及巧妙手工工艺，与现代科学技术和管理手段相结合，并在现代园林工程施工中充分发挥施工人员的智慧，才能创造出符合时代要求的现代园林艺术精品。

（四）锻炼、培养现代园林工程建设施工队伍的最好办法

无论是对理论人才的培养，还是对施工队伍的培养，都离不开园林工程建设施工的实践锻炼这一基础活动。只有通过实践锻炼，才能培养出作风过硬、技艺精湛的园林工程施工人才和能够达到走出国门要求的施工队伍。也只有力争走出国门，通过国外园林工程施工的实践，才能锻炼和培养出符合各国园林要求的园林工程建设施工队伍。

三、园林施工技术

（一）园林施工要点与内容

1.园林施工要点

（1）随着中华人民共和国行业标准《城市绿化工程施工及验收规范》的颁布，为城市绿化工程施工与验收提供了详细具体的标准。按照规范，严格按批准的绿化工程设计图纸及有关文件施工，对各项绿化工程的建设全过程实施全面的工程监理和质量控制。

（2）任何工程在施工前都应该做好充分的准备，园林工程施工前的准备主要是熟悉施工图纸和施工现场。施工图是描述该工程工作内容的具体表现，而施工现场则是基础。因此，熟悉施工图及施工场地是一切工程的开始。熟悉园林施工图要了解如何施工而且要领悟设计者的意图及想达到

的目的；熟悉园林施工图可以了解该工程的投资要点、景观控制点在那里，施工过程中的重点控制。熟悉施工图与施工现场情况，并充分地把两者结合起来，在掌握设计意图的基础上，根据设计图纸对现场进行核对，编制施工计划书，认真做好场地平整、定点放线、给排水工程前期工作。

（3）在施工过程中要做到统一领导，各部门、各项目要做到协调一致，使工程建设能够顺利进行。

2.园林施工特点

根据园林工程的实际特点，园林工程的施工组织设计应包含以下的内容

（1）做好工程概预算，为工程施工做好施工场地、施工材料、施工机械、施工队伍等方面的准备。

（2）合理计划，根据对施工工期的要求，组织材料、施工设备、施工人员进入施工现场，计划好工程进度，保证能连续施工。

（3）施工组织机构及人员，施工组织机构需明确工程分几个工程组完成，以及各工程组的所属关系及负责人。注意不要忽略养护组，人员安排要根据施工进度计划，按时间顺利安排。

（4）园林施工是一项严谨的工程，施工人员在施工过程中必须严格按照施工图纸进行施工，不可按照自己的意愿随意施工，否则将会对整个园林工程造成不可挽回的后果。园林工程施工就是按设计要求设法使园林尽可能地发挥自身的作用。所以说设计是园林工程的灵魂，离开了设计，园林工程的施工将无从下手：如不严格按照施工图纸施工，将会歪曲整个设计意念，影响绿化美化效果。施工人员对施工意图的掌握、与设计单位的密切联系、严格按图施工，是园林工程的质量的基本前提。

（二）苗木的选择

在选择苗木时，先看树木姿态和长势，再检查有无病虫害，应严格遵照设计要求，选用苗龄为青壮年期有旺盛生命力的植株；在规格尺寸上应

选用略大于设计规格尺寸，这样才能在种植修剪后，满足设计要求。

（1）乔木干形

①乔木主干要直，分枝均匀，树冠完整，忌弯曲和偏向，树干平滑无大结节（大于直径 20 毫米的未愈合的伤害痕）和突出异物。

②叶色：除叶色种类外，通常叶色要深绿，叶片光亮。

③丰满度：枝多叶茂，整体饱满，主树种枝叶密实平整，忌脱脚（脱脚即指枝叶离地面超过一定高度。

④无病虫害：叶片通常不能发黄发白，无虫害或大量虫卵寄生。

⑤树龄：3—5 年壮苗，忌小老树，树龄用年轮法抽样检测。

（2）灌木干形

①分枝多而低度为好，通常第 1 分枝应 3 枝以上，分枝点不宜超过 30 毫米。

②叶色：绿叶类叶色呈翠绿、深绿、光亮，色叶类颜色要纯正。

③丰满度：灌木要分枝多，叶片密集饱满，特别是一些球类，或需要剪成各种造型的灌木，对枝叶的密实度要求较高。

④无病虫害：植物发病叶片由绿转黄，发白或呈现各色斑块。观察叶片有无被虫食咬，有无虫子，或大量虫卵寄生。

（三）绿化地的整理

绿化地的整理不只是简单地清掉垃圾，拔掉杂草，该作业的重要性在于为树木等植物提供良好的生长条件，保证根部能够充分伸长，维持活力，吸收养料和水分。因此在施工中不得使用重型机械碾压地面。

（1）要确保根域层应有利于根系的伸长平衡。一般来说，草坪地被根域层生存的最低厚度为 15 厘米，小灌木为 30 厘米，大灌木为 45 厘米，浅根性乔木为 60 厘米，深根性乔木为 90 厘米；而植物培育的最低厚度在生存最低厚度基础上草坪地被、灌木各增加 15 厘米，浅根性乔木增加 30 厘米，深根性乔木增加 60 厘米。

（2）确保适当的土壤硬度。土壤硬度适当可以保证根系充分伸长和维持良好的通气性和透水性，避免土壤板结。

（3）确保排水性和透水性。所以填方整地时要确保团粒结构良好，必要时可设置暗渠等排水设施。

（4）确保适当的 pH 值。为了保证花草树木的良好生长，土壤 pH 值最好控制在 5.5 至 7.0 范围内或根据所栽植物对酸碱度的喜好而做调整。

（5）确保养分。适宜植物生长的最佳土壤是矿物质 45%，有机质 5%，空气 20%，水 30%。

（四）苗木的栽植

栽植时，在原来挖好的树穴内先根据情况回填虚土，再垂直放入苗木，扶正后培土。苗木回填土时要踩实，苗木种植深度保持原来的深度，覆土最深不能超过原来种植深度 5 厘米；栽植完成后由专业技术人员进行修剪，伤口用麻绳缠好，剪口要用漆涂盖。在风大的地区，为确保苗木成活率，栽植完成后应及时设硬支撑。栽完后要马上浇透水，第二天浇第二遍水，3 至 5 天浇第三遍水，一周后浇水转入正常养护，常绿树及在反季节栽植的树木要注意喷水，每天至少 2 至 3 遍，减少树木本身水分蒸发，提高成活率。浇第一遍水后，要及时对歪树进行扶正和支撑，对于个别歪斜相当严重的需重新栽植。

（五）苗木的养护

园林工程竣工后，养护管理工作极为重要，树木栽植是短期工程，而养护则是长期工程，各种树木有着不同的生态习性、特点，要使树木长的健壮，充分发挥绿化效果，就要给树木创造足以满足需要的生活条件，就要满足它对水分的需求，既不能缺水而干旱，也不能因水分过多使其遭受水涝灾害。

灌溉时要做到适量，最好采取少灌、勤灌、慢灌的原则，必须根据树木生长的需要，因树、因地、因时制宜地合理灌溉，保证树木随时都有足够的水分供应。当前生产中常用的灌水方法是树木定植以后，一般乔木需连续灌水3至5年，灌木最少5年，土质不好或树木因缺水而生长不良以及干旱年份，则应延长灌水年限。每次每株的最低灌水量——乔木不得少于90公斤，灌木不得少于60公斤。灌溉常用的水源有自来水、井水、河水、湖水、池塘水、经化验可用的废水。灌溉应符合的质量要求有灌水堰应开在树冠投影的垂直线下，不要开的太深，以免伤根；水量充足；水渗透后及时封堰或中耕，切断土壤的毛细管，防止水分蒸发。

盐碱地绿化最为重要的工作是后期养护，其养护要求较普通绿地标准更高、周期更长，养护管理的好坏直接影响到绿化效果。因此，苗木定植后，及时抓好各个环节的管理工作，疏松土壤、增施有机肥和适时适量灌溉等措施，可在一等程度上降低盐量。冬季风大的地区、温度低，上冻前需浇足冻水，确保苗木安全越冬。由于在盐分胁迫下树木对病虫害的抵抗能力下降，需加强病虫害的治理力度。

第二节　园林绿化养护的内容

园林绿化工程是一个较为长期的城市工程，其主体是植物，由于植物需要进行种植以及长期的保养，那么这一工程的战线就会拉长。所以针对这一形势，我们在进行实际园林工程的施工管理工作中，应当要求所有施工单位都必须了解园林绿化工程项目的原理以及其重要的意义，包括对植物工程方面的施工以及保养的经验，这样才能够从源头上提升园林绿化工程的质量，才有助于建设出高质量且美观的园林绿化工程，才能够使整体城市的美化程度再上一个台阶。基于此，本章节就针对园林绿化工程进行具体分析，在建设工程项目中，园林绿化及养护管理扮演着非常重要的角色。因此，加大对园林工程绿化及养护，提升园林绿化的应用水平。只有这样，园林工程绿化和养护管理才会更高效和现代化。

一、园林绿化工程施工图识读

（一）园林总平面图的识读内容

1.用地周边环境

标明设计地段所处的位置，在环境图中标注出设计地段的位置、所处的环境、周边的用地情况、交通道路情况、景观条件等。

2.设计红线

标明设计用地的范围，用红色粗双点画线标出，即规划红线范围。

3.各种造园要素

标明景区景点的设置、景区出入口的位置、园林植物建筑和园林小品、水体水面、道路广场、山石等造园要素的种类和位置以及地下设施外轮廓线，对原有地形、地貌等自然状况的改造和新的规划设计标高、高程以及城市坐标。

4.标注定位尺寸或坐标网

（1）尺寸标注

以图中某一原有景物为参照物，标注新设计的主要景物和该参照物之间的相对距离。它一般适用于设计范围较小、内容相对较少的小项目的设计。

（2）坐标网标注

坐标网以直角坐标的形式进行定位，有建筑坐标网及测量坐标网两种形式。建筑坐标网是以某一点为"零"点（一般为原有建筑的转角或原有道路的边线等），并以水平方向为 B 轴，垂直方向为 A 轴，按一定距离绘制出方格网，是园林设计图常用的定位形式。如对自然式园路、园林植物种植应以直角坐标网格作为控制依据。测量坐标网是根据测量基准点的坐标来确定方格网的坐标，并以水平方向为 Y 轴，垂直方向为 X 轴，按一定距离绘制出方格网。坐标网均用细实线绘制，常用 2 米 × 2 米—10 米 × 10 米的网格绘制。

5. 标题

标题除了起到标示、说明设计项目及设计图纸的名称作用之外，还具有一定的装饰效果，以增强图面的观赏效果。标题通常采用美术字。标题应该注意与图纸总体风格相协调。

（二）园林建筑施工图的识读内容

1. 园林建筑平面图的识读内容

园林建筑平面图是指经水平剖切平面沿建筑窗台以上部位（对于没有门窗的建筑，则沿支撑柱的部位）剖切后画出的水平投影图。当图纸比例较小，或为坡屋顶或曲面屋顶的建筑时，通常也可只画出其水平投影图（即屋顶平面图）。园林建筑平面图用来表达园林建筑在水平方向的各部分构造情况，主要内容概括如下：

（1）图名、比例、定位轴线和指北针。

（2）建筑的形状、内部布置和水平尺寸。

（3）墙、柱的断面形状、结构和大小。

（4）门窗的位置、编号，门的开启方向。

（5）楼梯梯段的形状，梯段的走向和级数。

（6）表明有关设备如卫生设备、台阶、雨篷、水管等的位置。

（7）地面、露面、楼梯平台面的标高。

（8）剖面图的剖切位置和详图索引标志。

2. 园林建筑立面图的识读内容

园林建筑的立面图是根据投影原理绘制的正投影图，相当于三面正投影图中的 V 面投影或 W 面投影。在表达设计构思时，通常需要表达园林建筑的立体空间，这就需要展现其效果图。但由于施工的需要，只有通过剖、立面图才能更加清楚的显示垂直元素细部及其与水平形状之间的关系，立面图是达到这个目的有效工具。

建筑的四个立面可按朝向称为东立面图、西立面图、南立面图和北立面图；也可以把园林建筑的主要出口或反映房屋外貌主要特征的立面图称为正立面图，从而确定背立面图和侧立面图。建筑立面图用于表达房屋的外形和装饰，主要内容概括如下：

（1）表明图名、比例、两端的定位轴线。

（2）表明房屋的外形以及门窗、台阶、雨篷、阳台、雨水管等位置和形状。

（3）表明标高和必需的局部尺寸。

（4）表明外墙装饰的材料和做法。

（5）标注详图索引符号。

3.园林建筑结构图的识读内容见表4-1

表4-1　园林绿化工程基础

项目	内容
基础平面图	基础平面图主要表示基础的平面布局，墙柱与轴线的关系。基础平面图的内容如下： （1）图名、图号、比例，文字说明 （2）基础平面布置，即基础墙。构造柱、承重柱以及基础底面的形状、大小及其与轴线的相对位置关系，标注轴线尺寸、基础大小尺寸和定位尺寸 （3）基础梁（图梁）的位置及其代号 （4）基础断面图的创切线及编号或注写基础代号 （5）基础地面标高有变化时，应在基础平面图对应部位的附近画出剖面图未表示基底标高的变化，并标注相应基底的标高 （6）在基础平面图上，应绘制与建筑平面相一致的定位轴标注相同的轴向尺寸及编号。此外，还应注出基础的定型尺寸和定位尺寸 （7）线型。在基础平面图中，被剖切到基础墙的轮廓用粗实线，基础底部宽度用细实线，地沟为暗沟时用细虚线。图中材料的图例线与建筑平面图的线型一致

基础详图的 表达内容	基础详图一般用平面图和剖面图表示，采用1：20的比例绘制。主要表示基础与轴线的关系。基础底标高、材料及构造做法。因基础的外部形状较简单。一般将两个或两个以上的编号的基础平面图绘制成一个平面图。但是要把不同的内容表示清楚以便于区分。独立柱基础的剖切位置一般选择在基础的对称线上，投影方向一股选择从前向后投影。 基础详图图示的内容： （1）图名（或基础代号）、比例、文字说明 （2）基础断面图中轴线及其编号（若为通用断面图。则轴线四周内不予编号） （3）基础断面形状、大小、材料以及配筋 （4）基础梁和基础圈梁的截面尺寸及配筋 （5）基础圈梁与构造柱的连接做法 （6）基础断面的详细尺寸和室内外地面。基础垫层底面的标高 （7）防潮层的位置和做法。

（三）园林工程图的识读内容

1. 竖向设计图的识读内容

竖向设计指的是在场地中进行垂直于水平方向的布置和处理，也就是地形高程设计，对于园林工程项目地形设计应包括：地形塑造，山水布局，园路、广场等铺装的标高和坡度以及地表排水组织。竖向设计不仅影响到最终的景观效果，还影响到地表排水的组织、施工的难易程度、工程造价等多个方面，此外，竖向设计图还是给水排水专业施工图绘制的条件图。竖向设计图的内容如下：

（1）除园林植物及道路铺装细节以外的所有园林建筑、山石、水体及其小品等造园素材的形状和位置。

（2）现状与原地形标高，地形等高线、设计等高线的等高距一般取0.25—0.5米，当地形较复杂时，需要绘制地形等高线放样网格。设计地形等高线用实线绘制，现状地形等高线用虚线绘制。

（3）最高点或者某特殊点的位置和标高。

（4）地形的汇水线和分水线，或用坡向箭头标明设计地面坡向，指明地表排水方向、排水的坡度等。

（5）指北针，图例，比例，文字说明，图名。文字说明中应包括标注单位、绘图比例、高程系统的名称、补充图例等。

（6）绘制重点地区、坡度变化复杂地段的地形断面图，并标注标高、比例尺等。

2.给水排水平面布置图的识读内容

（1）建筑物、构筑物及各种附属设施

厂区或小区内的各种建筑物、构筑物、道路、广场、绿地、围墙等，均按建筑总平面的图例根据其相对位置关系用细实线绘出其外形轮廓线。多层或高层建筑在左上角用小黑点数表示其层数，用文字注明各部分的名称。

（2）管线及附属设施

厂区或小区内各种类型的管线是本图表述的重点内容，以不同类型的线型表达相应的管线，并标注相关尺寸，以满足水平定位要求。水表井、检查井、消火栓、化粪池等附属设备的布置情况以专用图例绘出，并标注其位置。

3.给水排水管道纵断面图的识读内容

（1）原始地形、地貌与原有管道、其他设施给水及排水管道纵断面图中，应标注原始地平线、设计地面线道路、铁路、排水沟河谷及与本管道相关的各种地下管道、地沟、电缆沟等的相对距离和各自的标高。

（2）设计地面、管线及相关的建筑物、构筑物绘出管线纵断面以及与之相关的设计地面、构筑物、建筑物，并进行编号。标明管道结构（管材、接口形式、基础形式）、管线长度、坡度与坡向、地面标高、管线标高（重力流标注内底、压力流标注管道中心线）、管道埋深、以及交叉管线的性质、大小与位置。

（3）标高标尺

一般在图的左前方绘制标高标尺，表达地面与管线等的标高及其变化。

二、园林绿化工程施工组织设计

（一）园林工程施工组织设计的基本内容

1. 施工组织设计的基本内容见表4-2

表4-2　施工组织设计的基本内容

项目	内容
工程概况	（1）本项目的性质、规模、地点、结构特点、期限、分批交付使用的条件、合同条件 （2）本地区地形、地质、水文和气象情况 （3）施工力量，劳动力、机具、材料、构件等资源供应情况 （4）施工环境及施工条件等
施工部署及施工方案	（1）根据工程情况，结合人力、材料、机械设备、资金，施工方法等条件，全面部署施工任务，合理安排施工顺序，确定主要工程的施工方案 （2）对拟建工程可能采用的几个施工方案进行定性定量的分析。通过技术经济评价，选择最佳方案
施工进度计划	（1）施工进度计划反映了最佳施工方案在时间上的安排。采用计划的形式，使工期成本、资源等方面，通过计算和调整达到优化配置。符合项目目标的要求 （2）使工序有序地进行，使工期成本、资源等通过优化调整达到既定目标，在此基础上编制相应的人力和时间安排计划、资源需求计划和施工准备计划
施工平面图	施工平面图是施工方案及施工进度计划在空间上的全面安排。它把投入的各种资源、材料、构件、机械、道路。使水电供应网络生产、生活活动场地及各种临时工程设施合理地布置在施工现场，使整个现场能有组织地进行文明施工
主要技术经济指标	技术经济指标用以衡量组织施工的水平，它是对施工组织设计文件的技术经济效益进行全面评价

2.园林工程施工组织设计的编制原则

（1）重视工程的组织对施工的作用；

（2）提高施工的工业化程度；

（3）重视管理创新和技术创新；

（4）重视工程施工的目标控制；

（5）积极采用国内外先进的施工技术；

（6）充分利用时间和空间，合理安排施工顺序，提高施工的连续性和均衡性；

（7）合理部署施工现场，实现文明施工。

3.园林工程施工组织总设计的编制程序如下：

（1）收集和熟悉编制施工组织总设计所需的有关资料和图纸，进行项目特点和施工条件的调查研究；

（2）计算主要工种工程的工程量；

（3）确定施工的总体部署；

（4）拟订施工方案；

（5）编制施工总进度计划；

（6）编制资源需求量计划；

（7）编制施工准备工作计划；

（8）施工总平面图设计；

（9）计算主要技术经济指标。

应该指出，以上顺序中有些顺序必须这样，不可逆转。如：

（1）拟订施工方案后才可编制施工总进度计划（因为进度的安排取决于施工的方案）；

（2）编制施工总进度计划后才可编制资源需求量计划（因为资源需求量计划要反映各种资源在时间上的需求）。

4.园林工程施工组织设计的编制依据

园林工程施工组织设计包括施工组织总设计和单位工程施工组织设计，其编制依据见表4-3。

表4-3　园林工程施工组织设计的编制依据

项目	编制依据
施工组织总设计的编制依据	（1）计划文件 （2）设计文件 （3）合同文件 （4）地区基础资料 （5）有关的标准、规范和法律 （6）类似园林工程的资料和经验
单位工程施工组织设计的编制依据	（1）单位的意图和要求。如工期，质量、预算要求等 （2）工程的施工图纸及标准图 （3）施工组织总设计对本单位工程的工期、质量和成本的控制要求 （4）资源配置情况 （5）建筑环境场地条件及地质气象资料。如工程地质勘测报告。地形图和测量控制等 （6）有关的标准、规范和法律 （7）有关技术新成果和类似园林工程的资料和经验

5.案例：

编号：×××，工程名称：××工程，交底日期：××年×月×日，施工单位：××建筑公司

（1）工程概况：

①某校新校区景观工程位于某经济技术开发区城南大道以北、湖东路以西地块，总用地面积31.1万平方米其中硬质铺装约为2.2万平方米，水体景观面积约为0.27万平方米，绿化景观面积约为28.13万平方米。

②景观内广场由中心广场、入口广场和校前广场等三大广场组成。主要景点有：紫襟园、渔人码头、师生桥、码头景观平台、主轴线景区生活

区铺装、环形人行道发展用地汀步、生活区汀步、停车场彩色道板砖及嵌草砖铺面等组成。建成后将成为集休闲学习和娱乐为一体的自然生态景观。

③本工程由某大学附属中学投资，某装饰园林工程有限公司设计。

④工程特点：本工程占地面积大，景点多面精致。局部工艺要求复杂，施工工期较短。土方造型线条流畅结合自然。

（2）施工布置

根据本工程初步了解的信息及施工现场情况，结合本公司以往的施工经验和工作能力，制定本工程的施工布置。

①布置原则。加强施工过程中的动态管理，合理安排施工机械。设备和劳动力的投入。在确保每道工序质量的前提下，立足抢时间争速度，科学地组织流水和交叉作业。严格劳动纪律，严肃施工调度命令，严格控制关键工序施工工期，确保按期优质、高效地完成工程施工任务。

②为确保施工的顺利进行，保证工程质量。成立某附中某校区园林景观工程项目部。负责本工程的总体管理。运用现代化管理手段，合理安排施工流水，统一协调各分部分项施工，确保工程质量和施工进度。

（3）工程质量

①质量是企业的生命，公司一贯坚持质量第一方针。在该工程的施工管理目标上。严格按各道工序操作的动态管理把握好工程质量关。在严格自检、互检、交接检的基础上，虚心听取业主设计监理等部门的意见，接受他们对各项工程施工的质量监督，确保工程质量优良。

②安全施工

a.施工期确保安全事故为零；

b.严格执行相关标准，加强对安全生产的领导检查，对工程项目部的安全生产状况，做定期的检查评比。

③施工人员的安排与配备

根据以往的施工经验。考虑劳务外包为承建制劳务业施工队伍。要求施工队伍有良好的施工经历人员相对保持固定，技术特种作业人员必须持证上岗。

（4）施工准备

施工现场准备：

①搭设活动房四间作为项目部办公用房、活动房五间及砖固房四间作为职工宿舍。书写标语及工程概况等相关信息，搭设砖由库房一间作为工具用具及零星材料堆放处。

②用挖掘机在现场挖排水沟。确保施工现场内无积水。水流向低洼地集中排放。

③复核和引测建设方提供的永久性全标及高程控制点，测设施工现场控制网，布置控制桩，复核无误后用混凝土加以固定保护。并插入旗帜明示，以免破坏。

④按照提供的施工图纸计算工程量和材料分析，根据计算结果有计划地组织机械设备和材料进场堆放于指定地点。

⑤施工用电设置总配电箱，埋设线杆架空。设总配电箱、二级配电箱，分别采用三相五线制，照明用电为单相三线制，除了工作零线外，增加一根重复接地线。所有的配电箱均使用标准电表箱。

施工机械准备：按照施工机械需用量计划落实。

建筑材料准备：

①根据图纸设计要求提供小样经业主，设计方确认后方可进行采购。

②本工程所用的大部分材料均从公司稳定的供应商中选购或业主指定的产地购买，所有材料在进场前制定出详细的材料采购计划。

劳动力组织计划的准备：

①按照既定的现场管理组织机构配足管理人员，同时制定管理制度。

②进场施工人员必须进行入场教育，包括公司及项目部管理制度的学习、安全知识教育、基本施工规程的学习等。

（5）技术准备

①熟悉、公审施工图纸，积极与设计院联络，力求将图纸中的问题解决在施工之前。

②编制和审定施工组织设计及施工图预算，为工程开工提供准备。

③提出机械、构件加工、材料和外委托加工计划、力求保证工期进度的需要。

④根据设计要求和业主需要，绘制施工大样图。

⑤根据预算提出的劳动力计划。做到组织落实，保证施工要求。

（二）主要分部、分项工程的施工方法

1. 工程测量

（1）为了保证本工程的平面位置和几何尺寸符合图纸设计要求，并达到优良标准，对平面及高程控制要求如下：由项目副经理组织负责平面坐标及高程传递，项目施工员负责施工现场平面定位放线及 BM 点标高测量，公司技术质量部门负责平面坐标及高程的设控验收。

（2）轴线控制。根据建设方提供的坐标控制点，根据图纸设计方格网上坐标在施工区城范围内测设纵、横两道主控制线，设置控制桩，并用混凝土加以保护定位。然后用经纬仪根据控制桩测设全场方格网。

（3）放灰线：根据设计施工总平面图用石灰粉在施工区域内以 10 米 ×10 米为方格撒出方格网，定出工作业面。

（4）BM 点高程测设：根据建设方提供的高程控制点，用水准仅引测高程，并将方格网上每个角点的高程测设标注到绘制的测设图上，用以计算土方工程量。

（5）土方标高控制：根据设计高程和测设标高。计算出挖土深度，用水准仅及标尺控制挖土深度。

2. 中心广场

为圆形台阶状硬质铺装，间以绿地分隔。按照图纸设计院要求测设出绿地分隔线。根据设计标高支模浇筑钢筋混凝土泥墙，然后采取边回填土边施工台阶基层的做法确保工期和成品保护。

3.入口广场

位于师生桥东西两侧，地面为硬质铺装，两侧各设8只树池，采用花岗石，西侧布置有怀念景观（老槐树、挂钟、石头）。北侧布置有校训，卧石雕，配以隆起绿地。

4.校前广场

位于南大门入口处，师生桥南侧，有硬质拼花键地，路牙及石雕组成该部分景点。考虑到石雕工艺较为复杂，报采用外委托加工。

5.紫襟园区、主轴线道路及水池，环形人行道

紫襟园区，主轴线道路及水池，环形人行道均采用硬质铺装做法，发展用地汀步采用混凝土条板。生活区汀步采用碎花岗石。

6.硬质铺面工艺流程

（1）地面浮渣清理干净

（2）找出施工面四周的中心，弹出中心线，由标准标高线挂出地面标高线。

（3）花岗石饰面板表而不得有缺陷，不得采用易褪色的材料包装。

（4）预制人造石材面板应表面平整，几何尺寸准确，表面石粒均匀、洁净、颜色一致。

（5）安放标准块，用水平尺和角尺校正无误。

（6）图案拼花和纹理走向清晰的石材要试拼，满意后再正式拼贴。

（7）一般地面应从中间向四周铺贴，台阶一般由下向上铺设。

（8）正式铺贴前，用素水泥浆将基层刷一遍，随刷随铺。

（9）用1：3-1：4干性水泥砂浆找平，石材用水全部湿润并阴干放置。

（10）水泥浆涂抹在材料背面，安放时必须四角同时落下，用橡皮锤敲击平实，缝隙小于1毫米。

（11）室外安装光面和毛面的装饰面板，接缝可干接或在水平缝中垫硬塑料条。垫硬塑料条时，应将压出保留部分，待砂浆硬化后，将硬塑料条剔出，用水泥细砂浆勾缝。干接缝处宜用与饰面板颜色相同的勾缝剂填抹。

（12）粗磨面、麻面、条纹面、天然面的接缝和勾缝应用水泥砂浆。勾缝深度应符合设计。

（13）路面碎拼石材施工前，应进行试拼，先拼图案，后拼其他部位。接缝应协调，不得有通缝，缝宽为 5 至 20 毫米。

（14）施工时采用胶料的品种，掺和比例应符合设计要求并具有产品合格证。

（15）铺好的地面在 2 至 3 天内禁止上人，素水泥或勾缝剂嵌缝，表面应清洁干净。光面和镇面的饰面板经清洗晾干后方可打蜡擦亮。

（16）整批石材到货后，首先挑选石材色差、对角、大、尺寸不一的，统一安排后方能正式铺贴。

（17）拌制砂浆应为不含有害物质的纯洁水。

7. 渔码头

位于城南大道以北，停车场东侧位，基层做法依次为 60 厚碎石垫层、50 厚 CI0 混凝土、40 至 50 厚 1：2 水泥砂浆。面层做卵石铺装，青石板条带分隔。水岸布置自然石及木桩作为障碍，确保安全。

8. 师生桥

共有三座，结构及外观相同。基础及桥面结构为单层三跨钢筋混凝土框架结构，柱两侧顶端预埋 200×200 铁板（8 厚）用以焊接 3a 槽钢，桥面为 50 厚柳桉面板两侧安装木扶手，ψ50 镀锌钢柱用镀锌螺栓固定在槽钢上，上部焊接 40×4 镀锌扁铁，用以安装固定木扶手。桥面扶手为钢木扶手，上下为柳枝木扶手，中间用 ψ20 镀锌钢丝及 ψ40 镀锌螺纹管间隔。

浇筑混凝土柱时严格控制柱面标高，按设计标高预留同强度等级细石混凝土找平。柱侧面的预埋钢板预先用水准仪操平弹线固定在侧模板上。

所有的柳桉木必须经过防腐处理。钢构件均需镀锌并做防腐处理。

9. 码头景观平台

为 300×300 混凝土柱上做 180×180 实木栏杆。上铺 12 厚槽钢，楞木采用 100×200 硬木。上铺 150×750×50 实木地板，木栏杆立柱采用 180×180 实木，栏杆为 200×60、40×100 硬木，采用棒头连接。

10. 园路

（1）场内土方整体回填时，应将园路的位置用灰线放线，土质较松软的要换好土回填，因路部分的土方回填必须分层回填，并用压路机碾压密实，防止沉陷。

（2）按照图纸设计等高线用人工配合挖掘机整理出园路雏形，用压路机碾压至基底标高位置。（人工配合修平）

11. 给水排水工程

（1）按照设计规定材质确认采购。

（2）所有的管材、管件均必须具有出厂合格证、准用证，并经复试合格后方可使用。

（3）按照设计图纸以人工开挖沟槽，不允许超挖，超挖部分不允许回填土方。槽底不允许受水浸泡。

（4）要求按照设计要求选择管基用材。管道接口处应设混凝土支墩。

（5）管道施工前，应核对出口标高，确认无误后方可施工。

（6）污水管及排水管应做闭水试验，给水及喷灌系统应做 1MPa 的水压试验，试验合格后方可进行沟槽土方回填。

（7）沟槽开挖、管道安装、闭水试验、水压试验、沟槽回填等应及时做好资料签证隐蔽验收工作。

12. 电气亮化工程

（1）电气灯具的质量。型号必须符合图纸设计要求。管线的质量必须符合电气安装施工规范的要求。电线和穿线管必须经检测合格后方可应用于本工程。

（2）穿线管的预埋必须紧密配合土建施工，穿越混凝土的管线在混凝土浇筑时派有专人看管，以免浇筑时压扁或接头外进浆而造成管线破坏。

（3）灯具安装的位置应与设计图中的位置相符，藏地灯的四周与地面相接紧密，并略高于路面，设置于一线上的灯具中心误差不应大于3毫米。

（4）灯具安装完成后应进行照明测试，检查供电性能、触电系统的灵敏度，并验收灯具电气的观感质量，要求达到电气安装工程验收规范的规定。

（三）技术质量保证措施

1. 目标管理

公司将执行质量保证体系，严格按各道工序操作的动态管理，把好工程质量关，在严格自检、互检、交接检的基础上。重心听取业主设计监理等部门的意见。接受他们对各项施工的质量监督，确保工程质量优良。

2. 坐标及高程的控制措施

（1）开工前根据建设方提供的原始坐标点用全站仪引测传递到施工区域南侧路边，作为本工程的基准坐标及高程点。

（2）工程测量采用方格网测量，经纬仪，水准仪及铜尺必须进行统一标准校验。

3. 土方工程质量控制措施

（1）根据测设的方格网角点高程及设计标高，用色笔在施工图纸上标示出控方区和填方区及平衡区，严格控制开挖，避免超挖。

（2）挖土必须及时排水，防止基土浸泡影响承载力。

（3）有构筑物区城的土方回填应选用较好的土质分层碾压，分层回填，确保上部结构的承载力。

4. 模板工程质量保证措施

（1）模板放样设计过程中，必须经过计算，使之有足够的强度、刚度及稳定性。

（2）所有模板均按施工要求进行放大样，拼出模板施工图，模板安装必须按弹线位置施工。

（3）模板周转一次必须进行清理、刷油、严重变形的模板严禁使用。

（4）模板拆除必须按要求进行，提前拆模必须以同条件养护试块强度数据报监理同意后方可拆模。

第五章　园林绿化栽植与施工技术

园林绿化施工时，必须按照园林绿化施工的流程，结合本地区的气候特点以及环境、地形条件等因素，选择最合适的绿化植物，结合时间特点，严格重视每一个细节工作，以大局为重，合理规划园林栽植，利用科学的种植技术做好园林绿化，为人类的生活营造一个干净舒适的绿色优质环境。绿化活动并非是单独存在的，它是一项高度的融合了设计以及建设等要素的活动。现在，要结合市场的特征，国家制定多项管控措施来积极地进行园林组织的创建活动，切实提升设计以及建设等的能力。只有提升专业素养，才可以确保项目品质得以维护，将科学性以及工艺性等多项要素融合到一起，打造出不仅节约资金，而且有实际意义，同时还非常美观的项目。

第一节　园林绿化施工概述

一、植树施工的原则

1. 必须符合规划设计要求

园林绿化栽植施工前，施工人员应当熟悉设计图纸，理解设计要求，并与设计人员进行交流，充分了解设计意图，然后严格按照图纸要求进行施工，禁止擅自更改设计。对于设计图纸与施工现场实际不符的地方，应及时向设计人员提出，在征求到设计部门的同意后，再变更设计。同时不可忽视施工建造过程中的再创造作用，可以在遵从设计原则的基础上，合理利用，不断提高，以取得最佳效果。

2. 施工技术必须符合树木的生活习性

不同树种对环境条件的要求和适应能力表现出很大的差异性，施工人员必须具备丰富的园林知识，掌握其生活习性，并在栽植时采取相应的技术措施，提高栽植成活率。

3. 合理安排适宜的植树时期

我国幅员辽阔，气候各异，不同地区树木的适宜种植期也不相同；同一地区树种生长习性也有所不同，受施工当年的气候变化和物候期差别的影响。依据树木栽植成活的基本原理，苗木成活的关键是如何使地上与地下部分尽快恢复水分代谢平衡，因此必须合理安排施工的时间并做到以下两点：

（1）做到"三随"。所谓"三随"，就是指在栽植施工过程中，做到起、运、栽一条龙，做好一切苗木栽植的准备工作，创造好一切必要的条件，在最适宜的时期内，充分利用时间，随掘苗，随运苗，随栽苗，环环扣紧，栽植工程完成后，应展开及时的后期养护工作，如苗木的修剪及养护管理，这样才可以提高栽植成活率。

（2）合理安排种植顺序。在植树适宜时期内，不同树种的种植顺序非常重要，应当合理安排。原则上讲，发芽早的树种应早栽植，发芽晚的可以推迟栽植；落叶树栽植宜早，常绿树栽植时间可晚些。

4. 加强经济核算，提高经济效益

调动全体施工人员的积极性，提高劳动效率，节约增产，认真进行成本核算，加强统计工作，不断总结经验，尤其是与土建工程有冲突的栽植工程，更应合理安排顺序，避免在施工过程中出现一些不必要的重复劳动。

5.严格执行栽植工程的技术规范和操作规程

栽植工程的技术规范和操作规程是植树经验的总结，是指导植树施工技术的法规，必须严格执行。

二、栽植成活原理

园林树木栽植包括起苗、搬运、种植及栽后管理4个基本环节。每一位园林工作者都应该掌握这些环节与树木栽植成活率之间的关系，掌握树木栽植成活的理论基础。

1.园林树木的栽植成活原理

正常条件生长的未移植园林树木在稳定的自然环境下，其地下与地上部分存在一定比例的平衡关系。特别是根系与土壤的密切结合，使树体的养分和水分代谢的平衡得以维持。

掘苗时会破坏大量地吸收根系，而且部分根系（带土球苗）或全部根系（裸根苗）脱离了原有协调的土壤环境，易受风吹日晒和搬运损伤等影响。吸收根系被破坏，导致植株对水分和营养物质的吸收能力下降，使树体内水分向下移动，由茎叶移向根部。当茎叶水分损失超过生理补偿点时，苗木会出现干枯、脱落、芽叶干缩等生理反应，然而这一反应进行时地上部分仍能不断地进行蒸腾等现象，生理平衡因此遭到破坏，严重时会因失水而死亡。

由此可见，栽植过程中及时维持和恢复树体以水分代谢为主的平衡是栽植成活的关键。这种平衡受起苗、搬运、种植及栽后管理技术的直接影响，同时也与栽植季节，苗木的质量、年龄、根系的再生能力等主观因素密切相关。移植时根系与地上部分以水分代谢为主的平衡关系，或多或少地遭到了破坏，植株本身虽有关闭气孔以减少蒸腾的自动调控能力，但此作用有限。受损根系，在适宜的条件下，都具有一定的再生能力，但再生大量的新根需要一段时间，恢复这种代谢平衡更需要大量时间。可见，如何减少苗木在移植过程中的根系损伤和少受风干失水，促使其迅速发生新根，与新环境建立起新的平衡关系对提高栽植成活率是尤为重要的。一切利于迅速恢复根系再生能力，尽早使根系与土壤重新建立紧密联系，抑制地上茎叶部分蒸腾的技术措施，都能促进树木建立新的代谢平衡，并有利于提高其栽植成活率。研究表明，在移植过程中，减少树冠的枝叶量，并供应充足的水分或保持较高的空气湿度条件，可以暂时维持较低水平的代谢平衡。

园林树木栽植的原理，就是要遵循客观规律，符合树体生长发育的实际，提供相应的栽植条件和管理养护措施，协调树体地上部分和地下部分的生长发育关系，以此来维持树体水分代谢的平衡，促进根系的再生和生理代谢功能的恢复。

2.影响树木移栽成活率的因素

为确保树木栽植成活，应当采取多种技术措施，在各个环节都严格把关。栽植经验证明，影响苗木栽植成活的因素主要有以下几点，如果一个环节失误，就可能造成苗木的死亡。

（1）异地苗木

新引进的异地苗木，在长途运输过程中水分损失较多，有些甚至不适合本地土质或气候条件，这种情况会造成苗木出现死亡，其中根系质量差的苗木尤为严重。

（2）常绿大树未带土球移植

大树移植若未带土球，导致根系大量受损，在叶片蒸腾量过大的情况下，容易出现萎蔫而死亡。

（3）落叶树种生长季节未带土球移植

在生长季节移植落叶树种，必须带土球，否则不易成活。

（4）起苗方法不当

移植常绿树时需要进行合理修剪，并采用锋利的移植工具，若起苗工具钝化易严重破损苗木根系。

（5）土球太小

移植常绿树木时，如果所带土球比规范要求小很多，也容易造成根系受损严重，导致较难成活。

（6）栽植深度不适宜

苗木栽植过浅，水分不易保持，容易干死，栽植过深则可能导致根部缺氧或浇水不透，而引起树木死亡。

（7）空气或地下水污染

有些苗木抗有害气体能力较差，栽植地附近某些工厂排放的有害气体或水质，会造成植株敏感而死亡。

（8）土壤积水

不耐涝树种栽植在低洼地，若长期受涝，很可能缺氧死亡。

（9）树苗倒伏

带土球移植的苗木，浇水之后若倒伏，应当轻轻扶起并固定，如果强行扶起，容易导致土球破坏而死亡。

（10）浇水不适

浇水速度不易过快，应当以灌透为止，如浇水速度过快，树穴表面上看已灌满水，但很可能没浇透而造成死亡。碰到干旱后恰有小雨频繁滋润的天气，也应当适当浇水，避免造成地表看似雨水充足，地下实则近乎干透而导致树木死亡的现象。

3.提高树木栽植成活率的原则

（1）适地适树

充分了解规划设计树种的生态习性以及对栽植地区生态环境的适应能力，具备相关的成功驯化引种试验和成熟的栽培养护技术，方能保证成活率。尤其是花灌木新品种的选择应用，要比观叶、观形的园林树种更加慎重，因为此类树种除了树体成活以外，要求花果观赏性状的完美表达。因此，实行适地适树原则的最简便做法，就是选用性状优良的乡土树种，作为景观树种中的基调骨干树种，特别是在生态林的规划设计中，更应贯彻以乡土树种为主的原则，以求营造生态植物群落效应。

（2）适时适栽

应根据各种树木的不同生长特性和栽植地区的气候条件，决定园林树木栽植的适宜时期。落叶树种大多在秋季落叶后或春季萌芽开始前进行栽植；常绿树种栽植，在南方冬暖地区多行秋植，或在新梢停止生长的雨季进行。冬季严寒地区，易因秋季干旱造成"抽条"而不能顺利越冬，常以新梢萌发前春植为宜；春旱严重地区可行雨季栽植。随着社会的发展和园林建设的需要，人们对环境生态建设的要求愈加迫切，园林树木的栽植已突破了时限，"反季节"栽植已随处可见，如何提高栽植成活率也成为相关研究的重点课题。

（3）适法适栽

根据树体的生长发育状态、树种的生长特点、树木栽植时期及栽植地点的环境条件等，园林树木的栽植方法可分为裸根栽植或带土球栽植两种。近年来随着栽培技术的发展和栽培手段的更新，生根剂、蒸腾抑制剂等新的技术和方法在栽培过程中也逐渐被采用。除此之外，我们还应努力探索研究新技术方法和措施。

第二节 园林树木栽植施工技术

一、植树工程的施工工序

(一) 进土方和堆造地形

1. 进土方

土壤是植树工程的基础，是苗木赖以生存的物质环境。对于栽植土方不足的工地，就需要从其他地方移土进场，且所进土壤必须是具有符合植物生长所需要的水、肥、气、热能力的栽植土。所进土方的土色应当是自然的土黄色或棕褐色，其理化性质应为无白色盐霜、疏松、不板结，性质符合"园林栽植土质量标准"。有一些土壤含有危害植物生长的成分，应禁止使用，像建筑垃圾土、盐碱土、重黏土和砂土等。对场地中原有不符合栽植条件的土壤，应根据栽植要求，全部或部分利用种植土或人造土进行改良。

2. 堆造地形

(1) 测设控制网。堆造地形是一项复杂的工程，具有不可毁改性，需要严格按照规划设计要求进行施工。园林工程建设场地内的地形，地物往往比较复杂，形状变化较大，这种情况会导致施工前的施测范围大，为施工测量带来一定难度，如湖岸线、道路、花坛和种植点等的施工。对于较大范围的园林工程施工测量，建设场地内的控制网测设就显得尤为重要。

园林设计中一般用方格网来控制整个施工区域。因地形的复杂程度和所采用施工方法的不同，方格网大小一般为 10 米 × 10 米，20 米 × 20 米或 40 米 × 40 米不等。布设方格网应统筹兼顾，遵循先整体后局部的工作程序，即先测设方格网的"十""口"字形主轴线，然后进行加密，全面布设方格网。施工时需在各方格点上设置控制桩，以便于测设高程和施工，桩木的标记及规格，桩上应标出桩号（施工方格网上的编号）和施工标高（挖土用"+"号，填土用"－"号）。

对于挖湖堆山等自然地形的堆造，在施工时应首先确定"湖"和"山"的边界线，将设计地形等高线的和方格网的交点，一一标到地面上并打桩，桩木上标明桩号及施工标高。堆山时随着土层不断升高，桩不可能被土埋没，为便于识别，采用桩木的长度应大于土层的高度，同时不同层要用不同颜色标记；也可以分层放线设置标高桩。挖湖工程的放线工作与山体基本相同，但是一般水体挖得比较一致，由于池底常年隐没在水下，放线可以粗放些，岸线和岸坡等地上部分的定点放线则应该做到准确，因为这些部分，不仅对造景有影响，而且与水体岸坡的稳定有很大关系，为求精确施工，还可以用边坡样板来控制边坡坡度，增加岸坡的稳定性。

（2）挖、堆土方：土方工程是园林绿化施工的物质基础，是绿化种植、景观工程等成功进行的前提，对体现园林工程的整体构思和布局，建立园林景观和植物种植组成的框架结构起到重要作用，在园林工程中应作为重要项目施工。

在挖、堆土方同时进行的施工工程中，要注意合理分配，做到土方平衡。挖出土方首先应用在堆方造型中，剩余部分可外运；地形堆筑中的缺土，可由场外运入，但是外土质量必须满足植物栽植技术规程规定。符合绿化种植设计要求的土壤是不可再生资源，在绿化设计中不可替代，因此，施工中应充分利用，做到节约资源。在通常情况下，土方工程要细致规划，应挖出原地表层的种植土，在回填一般杂土后，再将种植土覆于表层，这样地形或假山的外形既满足了工程设计要求，又能使表层土壤达到植物生长的规范要求。

挖土方主要在开挖人工河（湖）道时进行，挖后需要及时做好土方的搬运工作。人工河（湖）道的开挖，应结合现场土质条件，根据设计要求，先挖去河（湖）道中心最深部位，再按等高线，由低往高向四周逐步扩大范围。

土方工程在堆筑地形前，对土方造型和山体堆放质量可能造成不良影响的地下隐蔽物，应加以处置，经过隐蔽工程验收后，才能实施堆筑工程，施工时要对沉降、位移进行检测，一般 24 小时检测一次；对于大于地基承载能力的假山、邻近建筑物的山体等重要部位，相对标高达 7 米时，应 12 小时检测一次。

山体表面的种植土层，堆筑时应符合园林绿化种植规范要求，表层土壤（至少 1 米以上）必须经检验分析，符合"园林栽植土质量标准"，具备满足植物生长需要的条件。土方工程结束后，对栽植区的土壤应进行深翻，翻地深度不得小于 30 厘米，并在每平方米土壤中施入 1.0—1.5 公斤的腐熟基肥。

（一）定点放线

1. 行道树的定点、放线

行道树栽植要求位置准确、株行距相等（国外有用不等距的），按设计断面定点。对道路设施完善的定点以路牙为依据，无路牙的则应找出准确的道路中心线，以此为定点依据，然后用皮尺、钢尺或测绳定出行位，再按施工要求，参考设计图纸定株距。每隔 10 株于株距中间钉一木桩（但不是钉在所挖坑穴位置上），作为行位控制标记，以确定每株树木坑（穴）位置的依据，随后用白灰点标出单株位置。由于道路绿化与市政、交通、沿途单位、居民等关系密切，对城市形象具有重要影响，因地植树位置的确定在施工时应与规划部门配合协商，定点后还必须请设计人员验点。

2. 公园绿地的定点

自然式树木种植方式主要有两种：一种是孤植，即以单株做孤赏树，并在设计图上标明单株的位置；另一种是群植，只在图上标明栽植范围，对株位没有明确规定的有树丛、片林。

3. 挖穴

栽植穴是植株生存的客观条件，对植物生长具有很大影响，因此，提高刨坑（挖穴）质量，对提高植物成活率具有重要意义。依据设计图纸确定好栽植位置后，坑穴大小应根据根系或土球大小、土质情况来确定（一般应比规定的根系或土球直径大 40—80 厘米），并根据树种类别，确定坑的深浅，满足苗木正常生长。坑或沟槽口径要保持上下一致，避免根系在植树时不能舒展或填土不实。

4. 选苗

苗木的选择，首先应满足设计对规格和树形提出的要求，其次还要注意选择长势好、树姿端正、植株健壮、根系发达、无病虫害、无机械损伤的苗木；而且所选树苗必须在育苗期内经过翻栽，根系集中在树根和靠近根的茎。育苗期没有经过翻栽的留床老苗，移植成活率较低，即使移栽成活，生长势在多年内都较弱，绿化效果不好，不宜采用。苗木选定后，为避免挖错，要在枝干挂牌或在根基部位做出明显标记；注意挂牌时，应将标记牌挂至阳面，并在移栽时，保持同一方向，有利于促进植物生长发育，提高成活率。

5. 掘苗和包装

掘苗是植树工程中的一个重要环节，保证起掘苗木质量，是提高植树成活率和决定最终绿化成果的关键因素。苗木优秀的原生长品质是保证苗木质量的基础，但正确的掘苗方法、合理的时间安排和认真负责的组织操作，却是提高掘苗质量的关键。掘苗质量的高低还与土壤含水情况、工具锋利程度、包装材料适用与否有关，事前做好充分的准备工作尤为重要。

6. 运苗和假植

苗木运输质量同样是影响移植成活的关键因素，实践证明在施工过程中做到"随掘、随运、随栽"，可以提高栽植成活率。减少树根在空气中暴露的时间，减轻水分蒸发和机械磨损，对树木成活大有益处。如果需要长途运苗，为提高栽植成活率，还应做好调度工作，加强对苗木的保护。

7.移植修剪

园林树木的栽植修剪由种植前修剪和种植后修剪两个阶段组成。种植前修剪从掘苗前就要开始进行，一些苗木枝干过高或树冠大，树体重量也大，给挖掘、运输、装车带来很多困难，需在挖掘之前就进行适当的修剪。有些树则需要在挖掘放倒后、装车前进行适当的修剪，有些树则可以在运到施工现场卸车后种植前再进行修剪。树木种植前修剪受到多种情况的影响，包括：树木习性、运输距离、栽植季节和栽植环境等。种植后修剪则是种植工作完成以后为协调苗木与栽植地环境关系等，提高成活率，营造景观效果所进行的修剪。

8.栽植

选择一天中光照较弱，气温较低的时间栽植苗木，以上午 11 点以前，下午 3 点以后进行为好，如果阴天无风则更佳。树木种植前，要再次检查种植穴的挖掘质量与树木的根系是否结合，坑较小的要进行加大加深处理，并在坑底垫 10—20 厘米的疏松土壤（表土），使土堆呈锥形，便于根系顺锥形土堆四下散开，保证根系舒展开。将苗木立入种植穴内扶直，分层填土，提苗至合适程度、踩实固定。裸根苗、土球苗的栽植技术也各不相同。

二、栽培季节

适宜的植树季节是指环境条件和物候状况最利于树木成活，且所花费的人力物力却较少的时期，一般取决于树木的种类、生长状态和外界环境条件。植树时期选择基本原则是要尽量减少外界条件对栽植树木正常生长的影响，尽最大努力提高劳动效率。

树木有其自身的年周期生长发育规律，从春季发芽、夏季生长到秋后落叶前为生长期，此期生理活动旺盛，对不良环境的抵抗力弱，生长发育受外界环境因子的影响明显；自秋季落叶后到春季萌芽前这段时间为树木休眠期，此期各项生理活动较弱，消耗营养物质最少，对外界环境条件的变化不敏感，因而对不良环境因素的抵抗力强。根据栽植成活的原理，应选择外界环境最有利于水分供应和树木本身生命活动最弱、水分蒸腾最小、消耗养分最少，且栽植后能够快速正常发育的时期，这一时期为植树的最好季节。因此，温带地区植树以树木的休眠期最为适宜。

我国大部分地区和大多数树种最适宜的植树季节是早春和晚秋，即树木落叶后开始进入休眠期至土壤冻结前，以及树木萌芽前刚开始生命活动的这段时期。这两个时期树木的生理活动弱，对水分和养分的需要量不大，容易得到满足，而且此时树体内还储存有大量的营养物质，又有一定的生命活动能力，有利于促进伤口愈合和生发新根，是栽植成活率最高的时期。至于春植好还是秋植好，则须依不同树种和不同地区条件而定，具体各地区哪个时期最适合植树，要根据不同树种生长的特点和当地的气候特点来决定。即便在同一植树季节，南北方地区可能还要相差一个月之久，因此需要在实际工作中灵活运用。

三、栽植施工技术

树木的栽植程序包括从起苗、运输、定植到栽后管理这四大环节中的所有工序，一般的工序和环节又包括栽植前的准备、放线、定点、挖穴、换土、掘苗、包装、运输、假植、修剪、栽植、栽后管理与现场清理等。所有这些工序或环节按顺序完成，才能标志一个完整的栽植施工的完成，所以要把它们综合起来学习理解。

（一）园林树木栽植施工前的准备

1.栽植前的准备

（1）明确设计意图及施工任务量。在接受施工任务后，及时与工程主管部门及设计单位交流，明确工程范围及任务量、工程的施工期限、工程投资及设计概（预）算、设计意图，按照实际需要确定定点放线的依据、工程材料来源，并排查运输情况。掌握施工地段的地上、地下情况，包括有关部门对地上物的保留和处理要求等；特别要了解地下各种电缆及管线的分布情况，以免施工时造成事故。

（2）编制施工组织计划。在明确设计意图及施工任务量的基础上，还应对施工现场进行调查，主要项目有了解施工现场的土质情况，确定施工方案，并计算所需客土量；了解场地内的交通状况，是否方便各种施工车辆和吊装机械出入；了解供水、供电及生活设施是否完善等。根据所了解的情况和资料编制施工组织计划，其主要内容有：施工组织领导，施工程序及进度，制订劳动定额，制订机械及运输车辆使用计划及进度表，制订工程所需的材料，工具及提供材料工具的进度表，制订栽植工程的技术措施和安全、质量要求，绘出平面图，在图上应标出苗木假植位置、运输路线和灌溉设备等的位置、制定施工预算。

2.施工现场准备

清除施工现场内生活、化工、建筑垃圾以及渣土等，需要进行拆迁和迁移的市政设施、房屋树木，应提前做好准备，然后按照设计图纸进行地形整理，主要使其与四周道路、广场的标高合理衔接，使绿地排水系统通畅。有的地形较大，需用机械平整，这还要事先了解地下管线的分布，避免施工过程中破坏管线。

（二）栽植工程的施工原则

栽植工程是指在园林绿化中进行植物栽种的工作。在进行栽植工程时，需要遵循一定的施工原则，以确保植物能够健康生长并适应环境。

（三）栽植地的整理与改良

土壤是苗木赖以生存的环境，施工前栽植地整理水平的高低，对树木成活率具有很大影响。整地主要包括栽植地地形、地势整理及土壤整理与改良。

1. 地形、地势整理

地形整理是指根据绿化设计图纸的要求，平整土地，清除障碍物，保持其在平面上的一致。地势整理应做好土方调度，先挖后垫，节省投资。

地形、地势整理应相互结合，同时进行，并着重考虑绿地的排水问题。绿化排水主要依靠地面坡度，从地面自行径流排到道路旁的下水道或排水明沟，一般都不需要埋设排水管道。所以要根据本地区排水的大趋向，将绿化地块适当填高，再整理成一定坡度，与本地区排水趋向保持一致。

2. 地面土壤整理

树木定植前必须在种植植物的范围内，对土壤进行整理，给植物创造良好的生长环境。在园林中整地形式主要分为全面整地和局部整地两种，播种、铺设草坪以及栽植灌木的地段，特别是要用灌木营造一定模纹效果的地面，应全面整地。实施全面整地时应进行全面翻耕，以此清除土壤中的建筑垃圾、石块、渣土等。进行全面整地的地段翻耕深度应保持15—30厘米，整地过程中应将土块敲碎确保场地平整。针对小块分散绿地或坡度较大而易发生水土流失的山坡地需进行局部的块状或带状整地。局部整地过程中也要清理土壤中的垃圾杂物，夯实坑塘塘土，并结合栽植树木的实际需要对土壤施肥，随后混匀耙平耙细。

3. 土壤改良

土壤改良是通过采用物理、化学和生物相结合的方式，改善土壤理化性质，进而提高土壤肥力的方法，主要包括栽植前的整地、施基肥；栽植后的松土、施肥等。在建筑遗址、工程遗弃物、矿渣炉灰地修建绿地，应预先清除渣土并根据土质情况制定改良措施，必要时可进行换土，树木定植位置上的土壤改良一般在定点挖穴后进行。对于那些土层薄、土质较差而且土壤污染严重的绿化地段，应于树木栽植前实施填换土。需要换土的区域，应先运走杂石弃渣或被污染的土壤，再填新土，填换土应结合竖向设计的标高或地貌造型来进行。

（四）园林苗木的处理和运输

苗木的处理和运输包括苗木的起掘、修剪、包装、保护、处理和运输等环节和内容。

1. 苗木的处理和保护

苗木的处理是指苗木从挖掘前直至栽植后，为提高苗木的成活率所采取的技术手段。比如掘苗前进行适度的修剪，并对伤口进行处理，防止腐烂；若苗木起挖过程中对土球造成一定的破损，需要对土球进行复原；苗木起挖后若短时间内不能装车运输，为避免风吹雨打和太阳暴晒，应对土球或者整个树体进行覆盖；苗木在装车后对其进行消毒处理；苗木运到栽植地后，为保持根系活力，栽植前对部分树苗的根系进行浸泡，如杨树等。这些处理手段和措施是苗木处理常见的方式，应视具体情况灵活运用。

（1）修剪。在起苗的过程中，无论施工人员怎样小心，总会无意损伤一部分根系和干枝，对受损干支进行一定程度的修剪，既可以保持良好的树形，又能提高栽后成活率，也有利于起苗和运苗。修剪的内容主要有已经劈裂、严重磨损、生长不正常的偏根、过长根；在不影响树形美观的前提下采用截枝、疏枝、剪半叶或疏去部分叶片的方法修剪树枝，以减少蒸腾作用。较高的树木在栽植前就应进行第一次修剪，低矮树种可于栽后修剪，行道树分枝点应保持在 3.2 米以上。阔叶落叶树栽植前应进行疏枝处理并剪除影响树形的枝条，以减少蒸腾面积，营造树形；针叶树可以只剪除萌芽较强树种的地上部分，以求发出更强主干，而一般苗木则可不予修剪。裸根苗起苗后要进行剪根，适当剪短过长的主根及须根，除去受损根系和病虫根；带土球的苗木可将土球外边露出的较大根段的伤口剪齐，剪短过长须根。

起苗过程中不能采用完好土球的苗木，应剪除植株老根、烂根，用泥浆将裸根包实后，再用湿草和草袋包裹，装车前检查苗木，并剪除枯黄枝叶，根据土球完好程度适当剪除部分茎干，破损严重的要采取截干处理，再结合截枝整形等方法最大限度保其成活。

（2）苗木的保护。苗木在挖掘前直至栽植后，为防止损伤，提高栽植成活率，必须采取一定的保护措施。比如起挖规格较大的苗木时在其即将倒地之前，事先用扶木对树冠进行支撑，以避免倒地时树冠中部分枝条被压断等。苗木的保护手段和措施的采用也应视具体情况灵活运用。

2.苗木的运输

苗木的运输包括前面提到的苗木的装车、苗木的运输和苗木的卸车。

（五）栽植穴的确定与要求

1.栽植穴的确定

栽植穴的确定是改地适树，协调栽植地与苗木之间的相互关系，为根系生长创造良好的环境，是提高栽植成活率和促进树木生长的重要环节。首先要做好准备工作，即仔细查看种植设计施工图，明确其要求，然后通过平板仪、网格法、交会法等定点放线的方法确定栽植穴的位置，并在株位中心撒白灰或立标杆作为标记。在定点放线过程中，若发现设计与场地实际情况不符，如栽植的位置与建筑相冲突，应及时向设计单位和建设单位反馈，以便调整。

2.刨坑（挖穴）

挖穴的质量好坏，是影响植株栽植后生长的主要因素。栽植乔木类树种，还应提前开展刨坑工作。例如，栽植春檀，若能提前至上一年的秋冬季安排挖穴，可以促进基肥的分解和栽植土的风化，能够有效地提高成活率。

（六）栽植修剪

1.栽植过程中的修剪整形

栽植过程中的修剪整形，主要是对苗木根部和树冠进行修剪，以此培养良好的树形，并减少蒸腾，从而提高成活率。

2. 栽后修剪

树木在定植前一般都按照需求已进行了或多或少的修剪，但多数树木特别是中等以下规格的苗木都在定植后修剪或复剪，主要是复剪受伤枝条和栽后影响景观效果的枝条。规格较大的落叶乔木，尤其是生长势较强、容易抽出新枝的树木，都可进行强修剪，树冠可剪除 1/2 以上，这样既可减弱蒸腾作用，维持树体的水分平衡，还能降低树体重量，减轻根系负担，减弱风力对树冠的影响，避免招风摇动，增强苗木栽植后的稳定性。圆头型常绿乔木，若树冠枝条茂密，则可适量疏枝。具轮生侧枝的常绿乔木，如果要用做行道树，可将基部 2—3 层轮生侧枝剪除。常绿针叶树，修剪量不宜过大，只剪除病枝、枯枝、弱枝、过密的轮生枝和下垂枝即可。

枝条茂密的大灌木，可根据实际情况适量疏枝。嫁接灌木，应剪除接口以下砧木上的萌发新枝。如果小灌木分枝明显或者新枝着生花芽，应顺其树势适当强剪，更新老枝，促生新枝，以此培养良好树形。用作绿篱的灌木，可在种植完成后按设计要求修剪整形。双排绿篱应呈半丁字排列，树冠丰满方向向外。栽后再统一修剪。在苗圃内已培育成形的绿篱，种植后应切合实际加以整修。

攀缘类和藤蔓性苗木，可剪除过长部分。攀缘上架苗木，可剪除交错枝、横向生长枝。

（七）定植

定植是指按设计要求将苗木栽植到位，随后不再移动的程序，其操作顺序分配苗和栽苗。

（八）养护管理

养护管理是树木栽植中尤为重要的一项工作，也是确保栽植成活率的关键。栽植后的养护管理在前面已做详细介绍，这里所讲的仅是树木栽植工程按设计要求定植完毕后，短期内所做的养护管理工作。

定植完成后应立即灌透水，如超过一昼夜无雨应浇上头遍水；干旱或多风地区栽后还必须连夜浇水。浇水时一定要灌透树坑,确保土壤充分吸水,促进根系与土壤密切接合,保证苗木能够成活。浇水时应注意不要冲垮水堰,待水完全渗透后,立即检查苗木是否有倒伏现象并扶直,将塌陷处填实土壤,随后在表层覆盖细干土。第三遍浇水待渗透之后,可铲除水堰,将土堆于干基处,使其略高于地面。树木封堰后及时清理现场,保持场地清洁美观,并对受伤枝条或修剪不理想的进行复剪,最后设专人负责养护管理,避免新栽苗木遭到人畜破坏。

第三节　大树移植的施工

一、大树移植的特点

正常生长的大树,在移植之前其根系正处于离心生长过程中,骨干根基部的吸收根大部分离心死亡,有的甚至已达到最大限幅,停止生长。具有吸收能力的新生根系主要分布在树冠投影的邻近区域,若采取带土球移植,这样的体积根本无法到达目的地;也就是说,采用一般土球移植的技术,在挖掘范围内具有生命力的根系几乎不存在。如果强行移植,只能导致大树水分代谢平衡的严重失调,最终死亡。大树在绿地中一般孤植观赏,要求树冠保持优美姿态,并生长旺盛,尽早发挥绿化效果,在移植前绝大多数已经经过重新修剪。因此只能在所带土球范围内,使用预先促发大量新根的方法来为代谢平衡打基础。为提高成活率,大树移植过程中还要与其他移栽措施相结合。

另外,大树移植的主要特点是大树具有庞大的身躯和重量,在移植过程中操作困难,常常需要借助机械力量,耗费大量的人力物力,这也是它与移植一般苗木的最大区别。

二、大树移植前的准备工作

（一）选树

大树具有成形、成景、见效快的优点，但是种植困难、成本高，在设计上把大树设计在重点绿化景观区内，能够达到画龙点睛的作用。选树时，要善于发掘具有其特点的树种，对树种移植也要进行设计，安排大树移植的步骤、线路、方法等，这样才能保证大树的移植达到较好的效果。

进行大树的移植要了解以下几个方面，包括树种、年龄时期、干高、胸径、树高、冠幅、树形，尤其是树木的主要观赏面，要进行测量记录，并且摄像。

1. 树种

对所选择的树种要充分了解其生长习性及生态特性，并保存留档，树木成活的难易程度和生命周期的长短也要做详细记录。有些树种萌芽和再生能力强，移植成活率高，比如杨、柳、梧桐、悬铃木、榆树、朴树等，有的萌芽和再生能力较弱，移植成活率较低，比如白皮松、雪松、圆柏、柳杉等，最难成活的如云杉、冷杉、金钱松、胡桃等。不同树种生命周期的长短存在很大差异性，生命周期短的大树移植时需要花费较高成本，然而树体移植后就开始进入衰老阶段，并不能达到较理想的效果。因此，大树移植要选择寿命长，再生能力强的树种，即便规格很大，但种植后可以延续较长的年代，能够达到较好绿化的效果。

2. 树体

大树移植的成本高，花费大，为降低耗费更要保证成活率。因此在选树时要考虑以下几点：

（1）选好树相。大树移植工作完成后应能较快体现景观效果，树形不好的树木往往不予选择。因此移植前必须考虑树相，如栽植行道树，应选择树干挺直、树冠丰满、遮阴效果佳，具有较高分支点的树种；选择庭荫树，在满足上述条件同时，对树姿要求也比较严格。

（2）树体规格大小适宜。树体小，种植后美化效果不佳，需要较长时间才能满足需要，但这并不代表树体规格愈大愈好。规格越大，起苗、运输、栽植的花费就越高，而且树体愈大适应能力越差，恢复移植前的生长水平越困难，除此之外，栽植后养护管理成本也会随着树木规格而上升。

（3）选择长势好并且年龄小的树木。处于青壮年时期的树木，细胞组织结构处于旺盛的阶段，在环境条件良好的地方生长健壮；在移植以后，尽管树体会遭到较为严重的伤害，但树体健壮。能快速融入新的生长环境，而且根系再生能力旺盛，具有在短时间内迅速恢复生长的潜能，因此移植的成活率高，成景效果好。由此可见，选择苗木时还要抓住树木年龄结构，选择能够使绿化环境快速形成、长期稳定，达到最优生态效果的树种，速生树种以 10—20 年生为宜，慢生树种应选 20—30 年生，一般树木以胸径 15—25 厘米的范围内，树高在 4 米以上为宜。

（4）就近选择有利于保证成活率。大树移植首先要考虑树种对周围环境的适应能力，就是同一树种在不同地区生态性也各不相同，只有树种的生长习性与移植地的生态环境相适应，才能保证较高的成活率，实现其景观价值。因此在移植大树时，应因地制宜，以乡土树种为主，尽量避免远距离调运大树，这样可以提高树木对生态环境的适应能力，从而达到较高的成活率，还能降低成本，提高经济效益。

（二）资料准备

大树移植前必须了解以下资料：

1. 树木品种、树龄、定植时间，历年来养护管理情况，此外还要了解当前的生长状况，生枝能力，病虫害情况，根部生长情况，若根部情况不能掌握的要进行探根处理。

2. 对树木生长和种植地环境调查，分析树木与建筑物、架空线、共生树木之间的空间关系，营造施工、起吊、运输环境等条件。

3.了解种植地的土质状况，研究地下水位、地下管线的分布，创造合理的生长环境条件，保证树木移植之后能够健康地生长。

（三）制订移植方案

根据以上准备的资料，制订移植方案，方案中主要项目包括以下几项：种植季节，切根处理，修剪方法和修剪量，挖穴、起树、运输、种植技术与要求，支撑与固定，材料、机具准备，养护管理，应急救护及安全措施等。

（四）断根缩坨

断根缩坨也称回根法，古代称为盘根法。保证大树移植成活的关键是，挖掘土球要具有大量的吸收根系。因此，大树移植在挖苗的前几年，就需要采取断根缩坨的措施，只保留起苗范围以内的根系，从而利用根系所具有的再生能力，进行断根刺激。利用这种方法使主要的吸收根缩回到主干根附近，促使树木形成紧凑、密集的吸收根系，同时还能有效地减少土球体积及重量，降低移植成本。树木断根缩坨一般控制在1—3年中完成，采取分段式操作，以根茎为中心，以胸径3—4倍为半径在干周画圆圈，选相应的两到三个方向挖宽30—40厘米左右、深60—80厘米左右的沟，下面遇粗根沿沟内壁用枝剪和手锯切断，将伤口修整平滑后，还要涂上保护材料加以保护。为防止根系腐烂，还可用酒精喷灯将切断根系烧成炭化，对于发根困难的树种，还可以用涂生根粉的方法促进其愈合生根。断根工作完成以后，将挖出土壤清理干净并混入肥料后，重新填入沟内，浇水渗透，随后在地表覆盖一层松土，松土要高于地面，为促进大树生根还要定期浇水。第二年再利用同样的方法在另外两到三个方向挖沟断根，若苗木生长正常第三年时即可挖出移植。在一些地方，如果环境条件允许也可分早春、晚秋两次进行断根缩坨，第二年移植，虽然这种方法耗时较少，但同样会有不错的效果。

然而在实际工作中，很多地方绿化移植大树缺乏长远计划，为了满足当前利益，在移植中很少采取此种措施，从而导致树木生长不良，有的甚至出现死亡的现象。

（五）平衡修剪

树体地下部分和地上部分对水分的吸收与蒸腾是否能够达到平衡，是影响大树移植成活的关键。因此，为保证大树成活还要促进须根的生长，移植前对树冠进行修剪，适当减少枝叶量。树冠的修剪常以疏枝为主，短截为辅，修剪强度应综合考虑，如树木种类、移植季节、挖掘方式、运输条件、种植地条件等因素。一般常绿树种可轻剪，落叶树宜重剪；有的树种再生能力强，生长速度快，如悬铃木、杨、柳等，可适当进行重剪，而有些树种再生能力弱、生长速度慢，比如银杏和大部分多针叶树等，则应轻剪，有的甚至不剪；在非适宜季节移植的树木应重剪，而正常移植季节则可轻剪；萌芽力强、树龄大、规格大、叶薄而稠密的修剪量可大些，而萌芽力不强，树龄小，规格小，叶厚而稀疏的可根据情况适当减小。对某些特定的树种，对树形要求严格，如塔松、白玉兰等，修剪强度要根据具体需要而定，可以根据实际情况只剪除枯枝、病虫枝、扰乱树形的枝条，这样在满足树形要求的同时，还能保证树木的成活率。

大树移植修剪要遵循以下原则，一般的落叶树可抽稀后进行强截，但要多保留生长枝和萌生的强枝，修剪量可达 3/5—9/10；修剪常绿阔叶树时，可以采用收冠的方法，截去外围枝条，适当抽稀树冠内部不必要的弱枝，多留较为强壮的萌生枝，修剪量可达 1/3—3/5；针叶树以疏树冠外围枝为主，修剪量可达 1/5—2/5。适宜季节移植的大树修剪时修剪量取前限，而非适宜季节移植及特殊情况下则采取后限。目前，树木移植进行树冠修剪主要可以采用以下三种方法：

1. 全株式

为避免破坏景观效果，完全保留树冠原始形态，只修剪树体内的徒长枝、交叉枝、病虫枝、枯死枝等。这种修剪方式适用于常绿树种和珍贵树种，如雪松、云杉、乔松、玉兰等树种。

2. 截止式（也称为鹿角状截枝）

针对保留树冠的大小、运输便利、栽植方便的树种，将树木的一级分枝或二级分枝保留，以上部分截除。生长发枝中等的落叶树种以及需要通过修剪确保成活，短时间达到良好景观效果的苗木常采用该方式。

3. 截干式

截干式是指将主干上部整个树冠截除，只保留根与主干的修剪方式，是修剪生长速度快、发枝强的树种时经常采用的修剪方式。目前城市中落叶树种大树移植，尤其是北方落叶树种大树移植应用该法更为广泛。该修剪方式的优点是成活率高，但需要一定时间才能恢复到较为理想的景观效果。

三、大树移植的技术措施

（一）移植季节

1. 落叶树栽植应在 3 月左右进行，常绿树应在树木开始萌动的 4 月上、中旬进行移植。

2. 不论常绿树种还是落叶树，凡没有在以上时间移植的树木均以非正常移植对待，养护管理则根据非季节移植技术处理。

严格来讲，大树移植一般所带土球规格都比较大，在施工过程中如果按照执行操作规程严格进行，并注意栽植后的养护管理，按理说在任何时间都可以进行大树移植工作。但在实际操作过程中，最佳移植时间是早春，因为随着天气变暖，树液开始流动，树木开始生长、发芽，如果在这个时间挖苗，对根系损伤程度较低，而且有利于受伤根系的愈合生长；苗木移植后，经过从早春到晚秋的正常生长，移植过程中受到伤害的部分也完全恢复，有利于树木躲避严寒，顺利过冬。在春季树木开始发芽而树叶还没全部长成以前，树木的蒸腾作用还未达到最旺盛时期，此时采取带土球技术移植大树，尽量缩短土球在空气中暴露时间，并加强栽后养护工作，也能保持大树较高的成活率。盛夏季节，由于树木的蒸腾量大，在此季节对大树移植往往成活率较低，在必要时可加大土球，增加修剪、遮阴等技术措施，尽量降低树木的蒸腾量，也可以保证大树的成活率，但花费较多。在南方的梅雨季节，空气中的湿度较大，这样的环境有利于带土球移植一些针叶树种。深秋及初冬季节，从树木开始落叶到气温不低于 −15℃这一段时间，也可以进行大树移植工作。虽然这段时间，大树地上部分已经进入休眠阶段，但地下根系尚未完全停止活动，移植时损伤根系还可以利用这段时间愈合复原，为第二年春季发芽创造有利条件。南方地区，特别是那些常年气温不是很低，而湿度较大的地区，一年四季均可移植，而且部分落叶树还可以采取裸根移植法。

（二）起掘前的准备工作

1.浇水

为避免挖掘时土壤过干而使土球松散，应在移植前 1—2 天，根据土壤干湿程度对移植树木进行适当浇水。

2.定位

定植前时应根据树冠的形态做好定位工作，以满足种植后要达到的景观效果。

3.扎冠

为缩小树冠伸展面积，方便挖掘，同时又避免折损枝条，应在挖掘前对树冠进行捆扎，扎冠顺序应由上至下、由内至外，依次收紧。大树扎缚处要垫橡皮等软物，不可以强硬地拉拽树木。树干、主枝用草片进行包扎后，挖出前必须拉好防风绳，其中一根必须在主风向，其他两根可均匀分布。

（三）移植方法

当前较常使用的大树移植挖掘和包装方法主要有以下几种：

1. 移树机移植法

大树移植机是一种安装在卡车或拖拉机上的装有操纵尾部四扇能张合的匙状大铲的移树机械。目前生产的移植机，主要适用于移植胸径 25 cm 以下的乔木。移植时应先用四扇匙状大铲在栽植点确定好预先测定尺寸大小的坑穴，随即将铲扩张至适宜大小向下铲，直至铲子相互合并，等抱起土块呈圆锥形后收起，即完成挖穴操作。为便于起树操作，应根据情况把有碍施工的干基枝条预先进行铲除，随后用草绳捆拢松散枝条。移植机停在适合挖掘树木的位置，张开匙铲围在树干四周一定位置，开机下铲，直至相互合并，收提匙铲，将树抱起，树梢向前，匙铲在后，横卧于车上，即可开到预先安排好的栽植点。直接对准位置放正，放入事先挖好的坑穴中，填土入缝，整平作堰，灌足水即可。对于交通方便，远距段的平坦圃地采用移植机移植，可以提高效率。采用移植机移植法与传统的大树移植相比，其优点在于使原来分步进行的众多环节连为一体，诸如挖穴、起树、吊、运、栽等，使之成为真正意义上的随挖、随运、随栽的流水作业，并免去许多费工的辅助操作，在今后大树移植工作中将广为应用。

2. 冻土移植法

在土壤冻结期进行大树移植，所挖土球可以不用进行包装操作，可利用冻结河道或泼水冻结的平整土地，只用人畜便可拉运的一种方法，适用于我国北方寒冷地区。由于冻土移植法是在冬闲时间进行，可以节省时间，而且可以减轻包装和运输压力。此法适用于当地耐寒乡土树种，对于冬季土壤冻结不深的地区，要预先用水对根系部分进行灌注，直至土球冻结深度达 20 厘米时，便可开始挖掘土球。挖好的树，如短期内不能栽完应用枯草落叶进行覆盖，避免晒化或寒风侵袭造成根系破坏。苗木运输应选河道充分冻结时期，若需在地面上运输还应事先修平泥土地，选择泼水之后能够迅速冻结的时期或利用夜间低温时泼水形成冰层，从而减少拖拉的摩擦阻力。

3. 大树裸根移植法

适用于移植容易成活，主干直径在 10—20 厘米的落叶乔木，如杨、柳、槐树、银杏、合欢、柿子、乌桕、柒树、元宝枫等。裸根移植大树必须在落叶后至萌芽前这一段时间进行。有些树种仅宜春季进行移植，土壤冻结期不宜进行。对潜伏芽寿命长的树木，地上部分除留一定的主枝、副主枝外，可对树冠进行重新修剪，但慢长树不可修剪过重，以免对移栽后的效果造成影响。将大树挖掘出来以后，用尖镐由根茎向外去土，注意尽量减少对树皮和根的影响。过重的宜用起重机吊装，其他要求同一般裸根苗，要特别注意保持根部的湿润。未能及时定植应假植，但时间不能过长，以免对成活率造成影响。栽植穴应比根幅与深度大 20—30 厘米。栽植时应使用立柱，其他养护措施同裸根苗。萌芽后应注意选留合适枝芽培养树形、其他不必要的部分要剥去。

4. 软材料包装移植法

主要在挖掘圆形土球，树木胸径 10—15 厘米或稍大一些的常绿乔木时采用。

5. 土木箱移植法

适用于挖掘方形土台，树木胸径 15—25 厘米的常绿乔木。

第六章　园林花卉栽培与养护技术

第一节　园林花卉无土栽培

一、无土栽培的概念与特点

无土栽培是近年来在花卉工厂化生产中较为普及的一种新技术。它是用非土基质和人工营养液代替天然土壤栽培花卉的新技术。早在 1699 年英国科学家伍德华德就开始研究无土栽培研究，他分别用雨水、河水和花园土浸出的水来培养薄荷，研究结果表明，花园土浸出的水种植的薄荷生长得最好，因此，得出结论：植物的生长是由土壤中的某些物质决定的。1840年德国化学家李比希提出植物矿质营养学说。1860 年，克诺普和萨克斯第一次进行无土栽培的精确实验，用无机盐制成的人工营养液栽培植物获得成功，植株在营养液中正常生长并结出种子，标志着营养液技术已经成熟。

无土栽培的历史虽然悠久，但是真正的发展始于 1970 年丹麦 Grodam 公司开发的岩棉栽培技术和 1973 年英国温室作物研究所的营养液膜技术（NFT）。近几十年来，无土栽培技术发展极其迅速。目前，美国、英国、俄罗斯、法国、加拿大等发达国家应用广泛。

无土栽培的优点：1.环境条件易于控制，无土栽培不仅可使花卉得到足够的水分、无机营养和空气，并且这些条件更便于人工控。2. 省水省肥，无土栽培为封闭循环系统，耗水量仅为土壤栽培的 1/7—1/5，同时避免了肥料被土壤固定和流失的问题，肥料的利用率提高了 1 倍以上。3. 扩大了花卉种植的范围，在沙漠、盐碱地、海岛、荒山、砾石地或沙漠都可以进行，规模可大可小。4. 节省劳动力和时间，无土栽培许多操作管理都是机械化、自动化，大大减轻了劳动强度。5. 无杂草、无病虫、清洁卫生，因为没有土壤，病虫害的来源得到控制，病虫害减少了。

无土栽培的缺点：1. 一次性设备投资较大，无土栽培需要许多设备，如水培槽、营养液池、循环系统等，故投资较大。2. 对技术水平要求高，营养液的配置、调整与管理都要求具有一定专业知识的人才能管理好。

二、无土栽培类型与方法

无土栽培的基本原理，就是不用天然土壤而根据不同植物的生长发育所必需的环境条件，尤其是根系生长所必需的条件，包括营养、水分、酸碱度、通气状况及根际温度等，设计满足这些基本条件的装置和栽培方式来进行不需要土壤的植物栽培。因此，要掌握好无土栽培的技术，不仅要了解植物栽培有关知识，而且要掌握营养液的管理技术。由于无土栽培可人工创造良好的根际环境以取代土壤环境，有效防止土壤连作病害及土壤盐分积累造成的生理障碍，充分满足植物对矿质营养、水分、气体等环境条件的需要。

无土栽培的方式很多，大体上可分为两类：一类是固体基质固定根部的基质培；另一类是不用基质的水培。

（一）基质培及设备

在基质无土栽培系统中，固体基质的主要作用是支持花卉的根系及提供花卉的水分和营养元素。供液系统有开路系统和闭路系统，开路系统的营养液不循环利用，而闭路系统中营养液循环使用。由于闭路系统的设施投资较高，而且营养液的管理比较复杂，所以在我国基质培只采用开路系统。与水培相比较基质培缓冲性强、栽培技术较易掌握、栽培设备易建造，成本低，因此在世界各国的基质培面积均大于水培，我国更是如此。

1. 栽培基质

（1）对基质的要求

用于无土栽培的基质种类很多，主要分为有机基质和无机基质两大类。基质要求有较强的吸水和保水能力、无杂质、无病虫、卫生、价格低廉、获取容易，同时还需要有较好的物理化学性质。无土栽培对基质的理化性质的要求有：

①基质的物理性状

容重：一般基质的容重在 0.1—0.8 克 / 立方厘米范围内。容重过大基质过于紧实，透水透气性差；容重过小，则基质过于疏松，虽然透气性好，利于根系的伸展，但不易固定植株，给管理上增加难度。

总孔隙度：总孔隙度大的基质，其空气和水的容纳空间就大，反之则小；总孔隙度大的基质较轻、疏松，利于植株的生长，但对根系的支撑和固定作用较差，易倒伏，总孔隙度小的基质较重，水和空气的总容量少。因此，为了克服单一基质总孔隙度过大和过小所产生的弊病，在实际中常将两三种不同颗粒大小的基质混合制成复合基质来使用。

大小孔隙比：大小空隙比能够反映基质中水、气之间的状况。如果大小孔隙比大，则说明空气容量大而持水量较小，反之则空气容量小而持水量大。一般而言，大小空隙比在 1.5—4 范围内花卉都能良好生长。

基质颗粒大小：基质的颗粒大小直接影响容重、总孔隙度、大小空隙比。无土栽培基质粒径一般在 0.5—50 毫米。可以根据栽培花卉种类、根系生长特点、当地资源加以选择。

②基质化学性质

pH 值：不同基质其 pH 值不同，在使用前必须检测基质的 pH 值，根据栽培花卉所需的 pH 值采取相应的基质。

电导率（EC）：电导率是指未加入营养液前基质本身原有的电导率，反映了基质含有可溶性盐分的多少，将直接影响到营养液的平衡。使用基质前应对其电导率了解清楚，以便于适当处理。

阳离子代换量：是指在 pH=7 时测定的可替换的阳离子含量。基质的阳离子代换量高既有不利的一面，即影响营养液的平衡；也有有利的一面，即保存养分，减少损失，并对营养液的酸碱反应有缓冲作用。一般有机基质如树皮、锯末、草炭等阳离子代换量高，无机基质中蛭石的阳离子代换量高，而其他基质的阳离子代换量都很小。

基质缓冲能力：是指基质中加入酸碱物质后，本身所具有的缓和酸碱变化的能力。无土栽培时要求基质缓冲能力越强越好。一般阳离子代换量高的基质的缓冲能力也高。

（2）常用的无土栽培基质

①无机基质

岩棉：岩棉是由辉绿岩、石灰岩和焦炭三种物质按一定比例，在1600℃的高炉中融化、冷却、黏合压制而成。其优点是经过高温完全消毒，有一定形状，在栽培过程中不变形，具有较高的持水量和较低的水分张力，栽培初期 pH 值是微碱性。缺点是岩棉本身的缓冲性能低，对灌溉水要求较高。

珍珠岩：珍珠岩由硅质火山岩在 1200℃下燃烧膨胀而成。珍珠岩易于排水，通气，物理和化学性质比较稳定。珍珠岩不适宜单独作为基质使用，因其容重较轻，根系固定效果较差，一般和草炭、蛭石混合使用。

蛭石：蛭石是由云母类矿石加热到 800—1100℃形成的。其优点是质轻，孔隙度大，通透性好，持水力强，pH 值中性偏酸，含钙、钾较多，具有良好的保温、隔热、通气、保水、保肥能力。因为蛭石经过高温煅烧，无菌、无毒，化学稳定性好。

沙：为无土栽培最早应用的基质。目前在美国亚利桑那州、中东地区以及沙漠地带，都用沙做无土栽培基质。其特点是来源丰富，价格低，但容重大，持水差。沙粒的大小应适当，一般以粒径 0.6—2.0 毫米为好。在生产中，严禁采用石灰岩质的沙粒，以免影响营养液的 pH 值，使一部分营养失效。

砾石：一般使用的粒径在 1.6—20 毫米的范围内。砾石保水、保肥力较沙低，通透性优于沙。生产中一般选用非石灰性的为好。

陶粒：陶粒是大小均匀的团粒状火烧豆页岩，采用 800 ℃ 高温烧制而成。内部为蜂窝状的空隙构造，容重为 500 千克 / 立方米。陶粒的优点是能漂浮在水面，透气性好。

炉渣：炉渣是煤燃烧后的残渣，来源广泛，通透性好、炉渣不宜单独用作基质。使用前要进行过筛，选择适宜的颗粒。

泡沫塑料颗粒：为人工合成物质，其特点为质轻，孔隙度大，吸水力强。一般多与沙、泥炭等混合应用。

②有机基质

泥炭：习称草炭，由半分解的植被组成，因植被母质、分解程度、矿质含量不同而又分为不同种类。

泥炭容重较小，富含有机质，持水保水能力强，偏酸性，含花卉所需要的营养成分。一般通透性差，很少单独使用，常与其他基质混合使用。

锯末与木屑：为林木加工副产品，锯末质轻，吸水、保水力强并含有一定营养物质，一般多与其他基质混合使用。注意含有毒物质的树种锯末不宜采用。

树皮：树皮的化学组成因树种的不同差异很大。大多数树皮含有酚类物质且 C/N 较高，因此新鲜的树皮应堆派 1 个月以上再使用。树皮有很多种大小颗粒可供利用，在无土栽培中最常用直径为 1.5—6.0 毫米的颗粒。

秸秆：农作物的秸秆均是较好的基质材料，如玉米秸秆、葵花秆、小麦秆等粉碎腐熟后与其他基质混合使用。特点是取材广泛，价格低廉，可对大量废弃秸秆进行再利用。

炭化稻壳：其特点为质轻，孔隙度大，通透性好，持水力较强，含钾等多种营养成分，但 pH 高，使用中应注意调整。

此外用作栽培基质的还有砖块、火山灰、花泥、椰子纤维、木炭、蔗渣、苔藓、蕨根、沼渣、菇渣等。

（3）基质的混合及配制

在各种基质中，有些可以单独使用，有些则需要按不同的配比混合使用。但就栽培效果而言，混合基质优于单一基质，有机与无机混合基质优于纯有机或纯无机混合的基质。基质混合总的要求是降低基质的容重，增加孔隙度，增加水分和空气的含量。

基质的混合使用，以 2—3 种混合为宜。国内无土栽培中常用的一些混合基质。

草炭：蛭石为 1：1。

草炭：蛭石：珍珠岩为 1：1：1。

草炭：炉渣为 1：1。

国外无土栽培中常用的一些混合基质。

草炭：珍珠岩：沙为 2：2：3。

草炭：珍珠岩为 1：1。

草炭：沙为 1：1 或 1：3。

草炭：珍珠岩：蛭石为 2：1：1。

在混合基质时，不同的基质应加入一定量的营养元素，并搅拌均匀。

（4）基质的消毒

大部分基质在使用之前或使用一茬之后，都应该进行消毒，避免病虫害发生。常用的消毒方法有蒸气消毒、化学药剂消毒、太阳能消毒等。

①蒸汽消毒。将基质堆成 20 厘米高，长度根据地形而定，全部用防水防高温布盖上，用通气管通入蒸汽进行密闭消毒。一般在 70—90℃条件下消毒 1 小时就能杀死病菌。此法效果良好，安全可靠，但成本较高。

②太阳能消毒。在夏季高温季节，在温室或大棚中把基质堆成 20—25 厘米高，长度视情况而定，堆的同时喷湿基质，使其含水量超过 80%，然后用薄膜盖严，密闭温室或大棚，暴晒 10—15 天，消毒效果良好。

③化学药剂消毒。

甲醛：甲醛是良好的消毒剂，一般将 40% 的原液稀释 50 倍，用喷壶将基质均匀喷湿，覆盖塑料薄膜，经 24—26 小时后揭膜，再风干 2 周后使用。

溴甲烷：将基质堆起，用塑料管将药剂引入基质中，使用量为 100—150 克 / 立方米，基质施药后，随即用塑料薄膜盖严，5—7 天后去掉薄膜，晒 7—10 天后即可使用。溴甲烷有剧毒，并且是强致癌物，使用时要注意安全。

2. 基质培的方法及设备

（1）槽培

槽培是将基质装入一定容积的栽培槽中以种植花卉。可用混凝土和砖建造永久性的栽培槽。槽宽一般为 1.2 米，深 15—30 厘米，槽内刷一层沥青或用塑料薄膜做衬里，水槽上面的种植床深 5—10 厘米，底部托一层金属或塑料网，种植床内覆盖约 5 厘米厚的基质，如泥炭、木屑、谷壳、干草等。槽内营养液在播种或移植时，液面稍高，离种植床面 1—3 厘米，以不浸湿种植床面为宜。待植物的根系逐渐伸长，可随根加长使营养液面下降，以离床面 5—8 厘米为宜。槽内的装置要有出水和进水管，用来调整液面高度。

目前应用较为广泛的是在温室地面上直接用砖垒成栽培槽，为降低生产成本，也可就地挖成槽再铺薄膜。总的要求是防止渗漏并使基质与土壤隔离，通常可在槽底铺 2 层薄膜。

栽培槽的大小和形状，取决于不同花卉，如每槽种植两行，槽宽一般为 0.48 米（内径）。如多行种植，只要方便田间管理就可。栽培槽的深度以15—20 厘米为好，槽长可由灌溉能力、温室结构以及田间操作所需走道等因素来决定。槽的坡度至少应为 0.4%，这是为了获得良好排水性能，如有条件，还可在槽底铺设排水管。

基质装槽后，布设滴灌管，营养液可由水泵泵入滴灌系统后供给植株，也可利用重力法供液，不需动力。

（2）袋培

用尼龙袋或抗紫外线的聚乙烯塑料袋装入基质进行栽培。在光照较强的地区，塑料袋表面以白色为好，以便反射阳光并防止基质升温。光照较少的地区，袋表面以黑色为好，以利于冬季吸收热量，保持袋中基质温度。

袋培的方式有两种：一种为开口筒式袋培，每袋装基质 10—15 升，种植 1 株花卉；另一种为枕式袋培，每袋装基质 20—30 升，种植两株花卉。无论是筒式袋培还是枕式袋培，袋的底部或两侧都应该开两三个直径为0.5—1.0 厘米的小孔，以便多余的营养液从孔中流出，防止根腐烂。

（3）岩棉栽培

岩棉栽培是指使用定型的、用塑料薄膜包裹的岩棉种植垫做基质，种植时在其表面塑料薄膜上开孔，安放已经育好小苗的育苗块，然后向岩棉种植垫中滴加营养液的一种无土栽培方式。开放式岩棉栽培营养液灌溉均匀、准确使用，而且一旦水泵或供液系统发生故障有缓冲能力，对花卉造成的损失也较小。

岩棉栽培时需用岩棉块育苗，育苗时将岩棉根据花卉切成一定大小，除了上下两面外，岩棉块的四周用黑色塑料薄膜包上，以防止水分蒸发和盐类在岩棉块周围积累，还可以提高岩棉块温度。种子可以直播在岩棉块中，也可以将种子播在育苗盘或较小的岩棉块中，当幼苗第一片真叶出现时，再移栽至大岩棉块中。

定植用的岩棉垫一般长70—100厘米，宽15—30厘米，高7—10厘米，岩棉垫装在塑料袋内。定植前将温室内土地平整，必要时铺上白色塑料薄膜。放置岩棉垫时，注意要稍向一面倾斜，并在倾斜方向把塑料底部钻2—3个排水孔。在袋上开两个8厘米见方的定植孔，用滴灌的方法把营养液滴入岩棉块中，使之浸透后定植。每个岩棉垫种植2株。定植后即把滴灌管固定在岩棉块上，让营养液从岩棉块上往下滴，保持岩棉块湿润，促使根系迅速生长。7—10天后，根系扎入岩棉垫，可把滴灌头插到岩棉垫上，以保持根基部干燥。

（4）立体栽培

立体栽培也称为垂直栽培，是通过竖立起来的栽培柱或其他形式作为花卉生长的载体，充分利用温室空间和太阳能，发挥有限地面生产潜力的一种无土栽培形式。主要适合一些低矮花卉。立体栽培依其所用材料的硬度，又分为柱状栽培和长袋栽培。

①柱状栽培

栽培柱采用石棉水泥管或硬质塑料管，在管四周按螺旋位置开孔，植株种植在孔中的基质中。也可采用专用的无土栽培柱，栽培柱由若干个短的模型管构成。每一个模型管上有几个突出的杯形物，用以种花卉。一般采取底部供液或上部供液的开放式滴灌供液。

②长袋状栽培

长袋状栽培是柱状栽培的简化，用聚乙烯袋代替硬管。栽培袋采用直径15厘米、厚0.15毫米的聚乙烯膜，长度一般为2米，内装栽培基项，装满后将上下两端结紧，然后悬挂在温室中。袋子的周围开一些2.5—5厘米的孔，用以种植花卉。一般采用上部供液的开放式滴灌供液方式。

立柱式盆钵无土栽培将一个个定型的塑料盆填装基质后上下叠放，栽培孔交错排列，保证花卉均匀受光。供液管道由上而下供液。

（5）有机生态型无土栽培

有机生态型无土栽培也使用基质但不用传统的营养液灌溉，而使用有机固态肥并直接用清水灌溉花卉的一种无土栽培技术。有机生态型无土栽培用固态有机肥取代传统的营养液，具有操作简单、一次性投资少、节约生产成本、对环境无污染、产品品质优良无公害的优点。

（二）水培方法与类型

水培就是将花卉的根系悬浮在装有营养液的栽培容器中，营养液不断循环流动以改善供氧条件。水培方式主要有以下几种：

1.薄层营养液膜法（NFT）

仅有一薄层营养液流经栽培容器的底部，不断供给花卉所需营养、水分和氧气。NFT的设施主要由种植槽、贮液池、营养液循环流动三个主要部分组成。

（1）种植槽

种植槽可以用面白底黑的聚乙烯薄膜临时围合成等腰三角形槽，或用玻璃钢或水泥制成的波纹瓦做槽底。铺在预先平整压实的、且有一定坡降（1：75左右）地面上，长边与坡降方向平行。因为营养液需要从槽的高端流向低端，故槽底的地面不能有坑洼，以免槽内积水。用硬板垫槽，可调整坡降，坡降不要太小，也不要太大，以保证营养液能在槽内浅层流动畅顺为好。

（2）贮液池

一般设在地平面以下，容量足够供应全部种植面积。大株形花卉每株3—5升计，小株形以每株1—1.5升计。

（3）营养液循环供液系统

主要由水泵、管道、过滤器及流量调节阀等组成。

NFT的供液时营养液层深度不宜超过1—2厘米，供液方法又可分为连续式或间歇式两种类型。间歇式供液可以节约能源，也可控制花卉的生长发育，它的特点是在连续供液系统的基础上加一个定时装置。NFT 的特点是能不断供给花卉所需的营养、水分和氧气。但因营养液层薄，栽培难度大，尤其在遇短期停电时，花卉就会面临水分胁迫，甚至有枯死的危险。

2. 深液流法（DFT）

这种栽培方式与营养液膜技术差不多，不同之处是槽内的营养液层较深（5—10 厘米），花卉根部浸泡在营养液中，其根系的通气靠向营养液中加氧来解决。这种系统的优点是解决了在停电期间 NFT 系统不能正常运转的缺点。

3. 动态浮根法（DRF）

该系统是指在栽培床内进行营养液灌溉时，植物的根系随营养液的液位变化而上下左右波动。营养液达到设定的深度（一般为 8 厘米）后，栽培床内的自动排液器将营养液排出去，使水位降至设定深度（一般 4 厘米）。此时上部根系暴露在空气中可以吸收氧气，下部根系浸在营养液中不断吸收水分和养料，不会因夏季高温使营养液温度上升、氧气溶解度低，可以满足植物的需要。

4. 浮板毛管法（FCH）

该方法是在 DFT 的基础上增加一块厚 2 厘米、宽 12 厘米的泡沫塑料板，板上覆盖亲水性无纺布，两侧延伸入营养液中。通过毛细管作用，使浮板始终保持湿润。根系可以在泡沫塑料板上生长，便于吸收水中的养分和空气中的氧气。此法根际环境稳定，液温变化小，供氧充分。

5. 鲁 SC 系统

又称"基质水培法"，在栽培槽中填入 10 厘米厚的基质，然后又用营养液循环灌溉植物，这种方法可以稳定地供应水分和养分，所以栽培效果良好，但一次性的投资成本稍高。

三、无土栽培营养液的配制与管理

无土栽培的营养液是栽培植物过程中很重要的内容，不同花卉植物对营养液的要求不同，主要与营养液的配方、浓度和酸碱度等有关。

（一）营养液的配制

营养液包括：水、大量元素、微量元素和超微量元素。无土栽培主要采用矿物质营养元素来配制营养液，要使营养液具备植物正常生长所需的元素，又易被植物利用，是配制营养液时首先要考虑的。可用于配制营养液的常用矿质肥料。

1.营养液配制原则

①营养液必须含有植物生长所必需的全部营养元素。高等植物必需的营养元素有 16 种，其中碳、氢、氧由水和空气供给，其余 13 种由根部从土壤溶液中吸收，所以营养液均是由含有这 13 种营养元素的各种化合物组成的。

②含各种营养元素的化合物必须是根部可以吸收的状态，也就是可以溶于液水的呈离子态的化合物。大多都是无机盐类，也有一些是有机螯合物。

③营养液中各种营养元素的数量比例应符合植物生长发育的要求，而且是均衡的。营养液浓度对花卉植物生长的影响很大。矿物质营养元素一般应控制在千分之四以内。浓度太高，易造成根系失水，植株死亡；浓度太低，易导致营养不足，植物生长不良。

④营养液中各营养元素的无机盐类构成的总盐浓度及其酸碱反应应是符合植物生长要求的。

⑤组成营养液的各种化合物，在栽培植物的过程中，应在较长时间内保持其有效状态。

⑥组成营养液的各种化合物的总体，在根吸收过程中造成的生理酸碱反应应是比较平衡的。

营养液的酸碱度（pH 值）是由水中的氢离子和氢氧离子浓度决定的。营养液中氢离子浓度增大时，使 pH 值小于 7，溶液呈酸性；营养液中氢氧离子浓度增大时，使 pH 值大于 7，溶液呈碱性。

溶液的 pH 值小于 4.5，为强酸性；溶液的 pH 值为 4.6—5.5，为酸性；pH 值为 5.6—6.5，为微酸性；pH 值为 6.6—7.4，为中性；pH 值为 7.5—8.0，为微碱性；pH 值为 8.1—9.0，为碱性；pH 大于 9.0，为强碱性。

营养液的 pH 值关系到肥料的溶解度和植物细胞原生质膜对营养元素的通透性，直接影响到养分的存在状态、转化和有效性，因而是非常重要的。pH 值对营养液肥效的影响包括：一是直接影响植物吸收离子的能力，二是影响营养元素的有效性。对于绝大多数植物而言，适宜的 pH 值是 5.5—7.0，为了使营养液的 pH 值处在适合的范围内，营养液配制好后应予以测定和调整其 pH 值。

2. 营养液的组成

营养液是将含有各种植物营养元素的化合物溶解于水中配制而成，其主要原料就是水和各种含有营养元素的化合物。

（1）水

无土栽培中对用于配制营养液的水源和水质都有一些具体的要求。

①水源。自来水、井水、河水、雨水和湖水都可用于营养液的配制。但无论用哪种水源都不能有病菌，不影响营养液的组成和浓度。所以使用前必须对水质进行检查化验，以确定其可用性。

②水质。用来配制营养液的水，硬度以不超过 10° 为好，pH6.5—8.5 之间，溶氧接近饱和。此外，水中重金属及其他有害健康的元素不得超过最高容许值。

（2）含有营养元素的化合物

根据化合物纯度的不同，一般可以分为化学药剂、医用化合物、工业用化合物和农业用化合物。考虑到无土栽培的成本，配制营养液的大量元素时通常使用价格便宜的农用化肥。

（3）络合物

络合物是一个金属离子与一个有机分子中两个赐予电子的基形成的环状构造化合物。金属离子被螯合剂的有机分子络合后，推动其离子性能，就不再容易发生化学反应而沉淀，但却仍能被植物吸收。微量元素中以铁最易于络合，其次为铜、锌，再次为锰、镁。

3.营养液配方的计算

一般在进行营养液配方计算时，应为钙的需要量大，并在大多数情况下以硝酸钙为唯一钙源，所以计算时先从钙的量开始，钙的量满足后，再计算其他元素的量。一般依次是氮、磷、钾，最后计算镁，因为镁与其他元素互不影响。微量元素需要量少，在营养液中浓度又非常低，所以每个元素单独计算，而无须考虑对其他元素的影响。无土栽培营养液配方的计算，有 3 种较常用的方法：一是百分率（10—6）单位配方计算法；二是mmol/L 计算法；三是根据 1mg/kg 元素所需肥料用量，乘以该元素所需的mg/kg 数，即可求出营养液中该元素所需的肥料用量。

计算顺序：①配方中 1L 营养液中需 Ca 的数量（mg 数），先求出 Ca（NO_3）$_2$ 的用量；②计算 Ca（NO_3）$_2$ 中同时提供的 N 的浓度数；③计算所需 NH_4NO_3 的用量；④计算 KNO_3 的用量；⑤计算所需 KH_2PO_4，和 K_2SO_4，的用量；⑥计算所需 $MgSO_4$，的用量；⑦计算所需微量元素用量。

4.营养液配制的方法

因为营养液中含有钙、镁、铁、锰、磷酸根和硫酸根等离子，配制过程中掌握不好就容易产生沉淀。为了生产上的方便，配制营养液时一般先配制浓缩贮备液（母液），然后再稀释，混合配制工作营养液（栽培营养液）。

①母液的配制。母液一般分为 A、B、C 三种，称为 A 母液、B 母液、C 母液。A 母液以钙盐为主，凡不与钙作用而产生沉淀的盐类都可配成 A 母液。B 母液以磷酸根形成沉淀的盐都可以配成 B 母液。C 母液由铁和微量元素配制而成。

②工作液的配制。在配制工作营养液时，为了防止沉淀形成，配制时先加九成的水，然后依次加入 A 母液、B 母液和 C 母液，最后定容。配置好后调整酸度和测试营养液的 pH 值和 EC 值，看是否与预配的值相符。

（二）营养液管理

（1）浓度管理

营养液浓度的管理直接影响植物的产量和品质，不同植物、同一植物的不同生育期所需的营养液浓度不同。要经常用电导仪检查营养液浓度的变化。要严格控制微量元素，否则会引起中毒。原则上任何一种元素的浓度都不能下降到它原来在溶液内浓度的 50% 以下。

配制营养液应采用易于溶解的盐类，以满足植物的需要。营养液浓度一般应控制在千分之四以内。

（2）pH 值管理

在营养液的循环过程中随着植物对离子的吸收，由于盐类的生理反应会使营养液 pH 值发生变化，变酸或变碱。此时就应该对营养液的 pH 值进行调整。所使用的酸一般为硫酸、硝酸，碱一般为氢氧化钠、氢氧化钾，调整时应先用水将酸（碱）稀释成 1—2mol/L，缓慢加入贮液池中，充分搅匀。

营养液的 pH 值要适当。一般营养液的 pH 值为 6.5 时，植物优先选择硝态氮。营养液的 pH 值在 6.5 以上或为碱性时，则以铵态氮较为适合。

营养液是个缓冲液，要及时测定和保持其 pH 值。

（3）溶存氧管理

在营养液循环栽培系统中，根系呼吸作用所需的氧气主要来自营养液中的溶解氧。增氧措施主要是利用机械和物理的方法来增加营养液与空气接触的机会，增加氧气在营养液中的扩散能力，从而提高营养液中氧气的含量。

（4）供液时间与次数

无土栽培的供液方法有连续供液和间歇供液两种，基质栽培通常采用间歇供液方式。每天供液 1—3 次，每次 5—10 分钟。供液次数多少要根据季节、天气、植株大小、生育期来决定。水培有间歇供液和连续供液两种。间歇供液一般每隔 2 小时一次，每次 15—30 分钟；连续供液一般是白天连续供液，夜晚停止。

（5）营养液的补充与更新

对于非循环供液的基质培，由于所配营养液是一次性使用，所以不存在营养液的补充与更新。而循环供液方式存在着营养液的补充与更新问题。因在循环供液过程中，每循环 1 周，营养液被植物吸收、消耗，营养液量会不断减少，回液量不足 1 天的用量时，就需要补充添加。营养液使用一段时间后，组成浓度会发生变化，或者是会发生藻类、发生污染，这时就要把营养液全部排出，重新配制。

注意在配制时，往往会发生沉淀或植物不能吸收利用的现象，因此要注意将某些化合物另外存放或更换其他化合物，无法更换时，应在使用时再加入。

第二节 园林花卉的促成及抑制栽培

一、促成及抑制栽培的意义

花期调控是采用人为措施，使花卉提前或延后开花的技术。其中比自然花期提前的栽培技术方式称促成栽培，比自然花期延迟的栽培称抑制栽培。我国古代就有花期调控技术，有开出"不时之花"的记载。现代花卉产业对花卉的花期调控有了更高的要求，根据市场或应用需求，尤其是在元旦、春节、五一劳动节、国庆节等节日用花，需求量大、种类多，按时提供花卉产品，具有显著的社会效益和经济效益。

二、促成及抑制栽培的原理

（一）阶段发育理论

花卉在其一生中或一年中经历着不同的生长发育阶段，最初是进行细胞、组织和器官数量的增加，体积的增大，这时花卉处于生长阶段，随着花卉体的长大与营养物质的积累，花卉进入发育阶段，开始花芽分化和开花。如果人为创造条件，使其提早进入发育阶段，就可以提前开花。

（二）休眠与催醒休眠理论

休眠是花卉个体为了适应生存环境，在历代的种族繁衍和自然选择中逐步形成的生物习性。要使处于休眠的园林花卉开花，就要根据休眠的特性，采取措施停止休眠使其恢复活动状态，从而达到使其提前开花的目的。如果想延迟开花，那么就必须延长其休眠期，使其继续处于休眠状态。

（三）花芽分化的诱导

有些园林花卉在进入发育阶段以后，并不能直接形成花芽，还需要一定的环境条件诱导其花芽的形成。这一过程称为成花诱导。诱导花芽分化的环境因素主要有两个方面，一是低温，二是光周期。

1. 低温春化

多数越冬的二年生草本花卉，部分宿根花卉、球根花卉及木本花卉需要低温春化作用。若没有持续一段时期的相对低温，它始终不能成花。温度的高低与持续时间的长短因种类不同而异。多数园林花卉需要 0—5℃，天数变化较大，最大变动 4—56 天，并且在一定温度范围内，温度越低所需要的时间越短。

2. 光周期诱导

很多花卉生长到某一阶段，每一天都需要一定时间光照或黑暗才能诱导成花，这种现象叫光周期现象。长日照条件能促进长日照花卉开花，抑制短日照花卉开花。相反短日照条件能促使短日照花卉开花而抑制长日照花卉开花。

三、促进及抑制栽培的技术

（一）促成及抑制栽培的一般园艺措施

根据花卉的习性，在不同时期采取相应的栽培管理措施，应用播种、修剪、摘心及水肥管理等技术措施可以调节花期。

1. 调节花卉播种期和栽培期

不需要特殊环境诱导、在适宜的生长条件下只要生长到一定的大小即可开花的花卉种类，可以通过改变播种期和栽培期来调节开花期。多数一年生草本花卉属日中性，对光周期长短无严格要求，在适宜的地区或季节可分期播种。如翠菊的矮性品种，春季露地播种，6—7 月开花；7 月播种，9—10 月开花；2—3 月在温室播种，5—6 月开花。

二年生花卉在低温下形成花芽和开花。在温度适宜的季节或冬季在温室保护下，也可调节播种期使其在不同时期开花。如金盏菊在低温下播种30—40 天开花，自 7—9 月陆续播种，可于 12 月至翌年 5 月先后开花。

2. 采用修剪、摘心、抹芽等栽培措施

月季花、茉莉、香石竹、倒挂金钟、一串红等在适宜的条件下一年中可以多次开花的，可以通过修剪、摘心等措施可以预订花期。如半支莲从修剪到开花 2—3 个月。香石竹从修剪到开花大约 1 个月。此类花卉就可以根据需花的时间提前一定时间对其进行修剪。如一串红从修剪到开花，约20天，"五一"需要一串红可以在4月5日前后进行最后一次修剪；"十一"需要的一串红在9月5日前后进行最后一次的修剪。

3.肥水控制

人为地控制水分，强迫休眠，再于适当时期供给水分，则可解除休眠，又可发芽、生长、开花。采用此法可促使梅花、桃花、海棠、玉兰、丁香、牡丹等木本花卉在国庆节开花。氮肥和水分充足可促进营养生长而延迟开花，增施磷肥、钾肥有助于抑制营养生长而促进花芽分化。菊花在营养生长后期追施磷、钾肥可提早开花约1周。

（二）温度处理

温度处理调节花期主要是通过温度的作用调节休眠期、成花诱导与花芽形成期、花茎伸长期等主要进程而实现对花期的控制。大部分越冬休眠的多年生草本和木本花卉以及越冬期呈相对静止状态的球根花卉，都可以采用温度处理。大部分盛夏处于休眠、半休眠状态的花卉，生长发育缓慢，防暑降温可提前度过休眠期。

1.增温处理

（1）促进开花

对花芽已经形成正在越冬休眠的种类，由于冬季温度较低而处于休眠状态，自然开花需要待来年春季。若移入温室给予较高的温度（20—25℃），并增加空气湿度，就能提前开花。一些春季开花的秋播草本花卉和宿根花卉在入冬前放入温室，一般都能提前开花。木本花卉必须是成熟的植株，并在入冬前已经形成花芽，且经过一段时间的低温处理才能提前开花。

利用增温方法来催花，首先要预定花期，然后在根据花卉本身的习性来确定提前加温的时间。在加温到20—25℃、相对湿度增加到80%以上时，垂丝海棠经10—15天就能开花，牡丹需要30—35天。

（2）延长花期

有些花卉在适宜的温度下，有不断生长，连续开花的习性。但在秋冬季节气温降低时，就要停止生长和开花。若能在停止生长之前及时移入温室，使其不受低温影响，提供继续生长发育的条件，就可使它连续不断地开花。如月季、非洲菊、茉莉、美人蕉、大丽花等就可以采用这种方法来延长花期。要注意的是在温度下降之前，及时加温，否则一旦气温下降影响生长后，再加温就来不及了。

2. 降温处理

（1）延长休眠期以推迟开花

一般多在早春气温回升之前，将一些春季开花的耐寒、耐阴、健壮、成熟及晚花品种移入冷室。使其休眠延长来推迟开花。冷室的温度要求在1—5℃。降温处理时要少浇水，除非盆土干透，否则不浇水。预定花期后一般要提前 30 天以上将其移到室外，先放在避风遮阴的环境下养护，并经常喷水来增加湿度和降温，然后逐渐向阳光下转移，待花蕾萌动后再正常浇水和施肥。

（2）减缓生长以延迟开花

较低的温度能延迟花卉的新陈代谢，延迟开花。这种措施大多用于含苞待放或开始进入初花期的花卉。如菊花、天竺葵、八仙花、月季、水仙等。

（3）降温避暑

很多原产于夏季凉爽地区的花卉，在适宜的温度下，能不断地生长、开花。但遇到酷暑，就停止生长，不再开花。如仙客来、倒挂金钟，为了满足夏季观花的需要，可以采用各种降温措施，使它们正常生长，进行花芽分化，或打破夏季休眠的习性，使其不断开花。

（4）模拟春化作用而提前开花

改秋播为春播的草花，为了使其在当年开花，可以用低温处理萌动的种子或幼苗，使其通过春花作用，在当年就可开花，适宜的处理温度为 0—5℃。

（5）降低温度提前度过休眠期

休眠器官经一定时间的低温作用后，休眠即被解除，再给予转人生长的条件，就可以使花卉提前开花。如牡丹在落叶后挖出，经过1周的低温贮藏（温度在1—5℃），再进入保护地加温催花，元旦就可以开花。

（三）光周期处理

光周期处理的作用是通过光照处理成花诱导、促进花芽分化、花芽发育和打破休眠。长日照花卉的自然花期一般为日照较长的春夏季，而要长日照花卉在日照短的秋冬季节开花，可以用灯光补光来延长光照时间。相反，在春夏季不让长日照花卉开花可以用遮光的方法把光照时间变短。对短日照花卉，在日照长的季节，进行遮光，促进开花，相反，就抑制开花。

1. 光周期处理时期的计算

光周期处理开始的时期，是由花卉的临界日长和所在地的地理位置来决定的。如北纬40°，在10月初到翌年3月初的自然日长小于12小时，对临界日长为12小时的长日照花卉如果要在此期间开花的话就要进行长日照处理。花卉光周期处理中计算日长小时数的方法与自然日长有所不同。每天日长的小时数应从日出前20分钟至日落后20分钟计算，因为在日出前20分钟和日落后20分钟之内的太阳散射光会对花卉产生影响。

2. 长日照处理

用于长日照花卉的促成栽培和短日照花卉的抑制栽培。

（1）方法

长日照处理的方法较多，常用的主要有以下几种：

①延长明期法

在日落后或日出前给予一定时间的照明，使明期延长到该花卉的临界日长小时数以上。实际中较多采用日落后补光。

②暗中断法

在自然长夜的中期给予一定时间照明，将长夜隔断，使连续的暗期短于该花卉的临界暗期小时数。通常冬季加光 4 小时，其他时间加光 1—2 小时。

③间隙照明法

该法以"暗中断法"为基础，但午夜不用连续照明，而改用短的明暗周期，一般每隔 10 分钟闪光几分钟。其效果与暗中断法相同。

（2）长日照处理的光源与照度

照明的光源通常用白炽灯、荧光灯，不同花卉适用光源有所差异，短日照花卉多用白炽灯、长日照花卉多用荧光灯。不同花卉照度有所不同。紫苑在 10lx 以上，菊花需要 50lx 以上，一品红需要 100lx 以上。50—100lx 通常是长日照花卉诱导成花的光强。

3. 短日照处理

（1）方法

在日出之后至日落之前利用黑色遮光物对花卉遮光处理，使日长短于该花卉要求的临界小时数的方法称为短日照处理。短日处理以春季和夏初为宜。盛夏做短日照处理时应注意防止高温危害。

（2）遮光程度

遮光程度应保持低于各类花卉的临界光照度，一般不高于 22lx，对一些花卉还有特定的要求，如一品红不能高于 10lx，菊花应低于 7lx。

（四）应用花卉生长调节剂

花卉栽培中使用一些植物生长调节剂如赤霉素、萘乙酸、2，4–D 等，对花卉进行处理，并配合其他养护管理措施，可促进提前开花，也可使花期延后。

1. 促进诱导成花

矮壮素、B9、嘧啶醇可促进多种花卉花芽分化。乙烯利、乙炔对凤梨科的花卉有促进成花的作用；赤霉素对部分花卉有促进成花作用，另外赤霉属可替代二年生花卉所需低温而诱导成花。

2.打破休眠，促进花芽分化

常用的有赤霉素、激动素、吲哚乙酸、萘乙酸、乙烯等。通常用一定浓度药剂喷洒花蕾、生长点、球根或整个植株，可以促进开花。也可以用快浸和涂抹的方式，处理的时期在花芽分化期，对大部分花卉都有效应。

3.抑制生长，延迟开花

常用的有三碘苯甲酸、矮壮素。在花卉旺盛生长期处理花卉，可明显延迟花期。

应用花卉生长调节剂对花卉花期进行控制时，应注意以下事项。

（1）相同药剂对不同花卉种类、品种的效应不同

如赤霉素对有些花卉，如万年青有促进成花的作用，对多数花卉如菊花，具有抑制成花的作用。相同的药剂因浓度不同，产生截然不同的效果。如生长素低浓度时促进生长，高浓度抑制生长。相同药剂在相同花卉上，因使用时期不同也会产生不同效果，如 IAA 对藜的作用，在成花诱导之前使用可抑制成花，而在成花诱导之后使用则促进开花。

（2）不同生长调节剂使用方法不同

由于各种生长调节剂被吸收和在花卉体内运输的特性不同，因而各有其适宜的施用方法。如矮壮素、B9、CCC 可叶面喷施；嘧啶醇、多效唑可土壤浇灌；6- 苄基腺嘌呤可涂抹。

（3）环境条件的影响

有些生长调节剂以低温为有效条件，有些以高温为有效条件，有些需长日照条件中发生作用，有的则在短日照条件下起作用。所以在使用中，需根据环境条件选择合适的生长调节剂。

第三节　园林花卉露地栽培与养护

露地栽培是指完全在自然气候条件下，不加任何保护的栽培形式。一般植物的生长周期与露地自然条件的变化周期基本一致。露地栽培具有投入少、设备简单、生产程序简便等特点。

一、土壤质地

土壤颗粒是指在岩石、矿物的风化过程及土壤成土过程中形成的碎屑物质。土壤中大小不同的土壤颗粒所占的比例不同，就形成了不同的土壤质地。不同的土壤质地往往具有明显不同的生产性状，了解土壤的质地类型，对花卉栽培和生产具有重要的指导价值。

（一）沙土

土壤颗粒大于 0.05 毫米，粒间空隙大，通透性强、排水良好，但保水性差；有机质含量少，保肥能力差，对土壤肥力贡献小；土温易增易降，昼夜温差大。沙土常用作黏土的改良，也常用作扦插的基质和多肉植物的栽培基质。

（二）黏土

土壤颗粒小于 0.002 毫米，粒间空隙小，通透性差，排水不良，但保水性强；含矿质元素和有机质较多，保肥能力强且肥力也长；土壤昼夜温差小。除适于少数喜黏质土壤的木本和水生花卉外，一般不直接用于栽培花卉。黏土可和其他土类配合使用，或用于改良。

（三）壤土

壤土类土壤颗粒在 0.002—0.05 毫米，粒间空隙居中，土壤性状也介于沙土和黏土之间，通透性好，保水保肥力强，有机质含量多，土温比较稳定。壤土对花卉生长比较有利，适应大多数花卉种类的要求。

二、土壤性状与花卉的生长

（一）土壤结构

土壤结构影响土壤热、水、气、肥的状况，在很大程度上决定了土壤肥力水平。土壤结构有团粒状、块状、核状、柱状、片状、单粒结构等。团粒结构最适宜花卉的生长，是最理想的土壤结构。因为团粒结构是由土壤腐殖质把矿物质颗粒相互黏结成直径为0.25—10.0毫米的小团粒而形成的，外表呈球形，表面粗糙，疏松多孔，在湿润状态时手指稍用力就能压碎，放在水中能散成微团聚体。团粒结构是土壤肥料协调供应的调节器，有团粒结构的土壤，其通气、持水、保湿、保肥性能良好，而且土壤疏松多孔利于种子发芽和根系生长。

（二）土壤通气性与土壤水分

土壤空气决定于土壤孔隙度和含水量。由于土壤中存在大量活动旺盛的生物，它们的呼吸均需消耗大量氧气，故土壤中氧气含量低于大气，在10%—21%。通常土壤氧含量从12%降至10%时，根系的正常吸收功能开始下降，氧含量低至一定限度时（多数植物为3%—6%）吸收停止，若再降低会导致已积累的矿质离子从根系排出。土壤二氧化碳的含量远高于大气，可达2%或更高，虽然二氧化碳被根系固定成有机酸后，释放的氢离子可与土壤阳离子进行交换，但高浓度的二氧化碳和碳酸氢根离子对根系呼吸及吸收均会产生抑制，严重时使根系窒息死亡。

土壤水分对植物的生长发育起着至关重要的作用，俗语说"有收无收在于水"。适宜的土壤含水量是花卉健康生长的必备条件。土壤水分过多则通气不良，严重的缺氧及高浓度二氧化碳的毒害，会使根系溃烂、叶片失绿，直至植株萎蔫。尤其在土壤黏重的情况下，再遇夏季暴雨，通气不良加雨后阳光暴晒，会使根系吸水不利而产生生理干旱。

适度缺水时，良好的通气反而可使根系发达。

（三）土壤酸碱度

土壤酸碱度对花卉的生长有较大的影响，诸如必需元素的可给性、土壤微生物的活动、根部吸水吸肥的能力以及有毒物质对根部的作用等，都与土壤酸碱度有关。多数花卉喜微酸性到中性土，适宜的土壤 pH 为 5.5—5.8。特别喜酸性土的花卉如杜鹃、山茶、八仙花等要求 pH 为 5.5—6.8。三色堇 pH 应为 5.8—6.2，大于 6.5 会导致根系发黑、基叶发黄。土壤酸碱度影响土壤养分的分解和有效性，因而影响花卉的生长发育，如酸性条件下，磷酸可固定游离的铁离子和铝离子，使之成为有效形式；而与钙形成沉淀，使之成为无效形式。因此在 pH5.5—6.8 的土壤中，磷酸、铁、铝均易被吸收。pH 过高过低均不利于养分吸收。pH 过高使钙、镁形成沉淀，锌、铁、磷的利用率降低；pH 过低铝、锰浓度增高，对植物有毒害。

（四）土壤盐浓度

土壤中总盐浓度的高低会影响植物的生长，植物生长所需要的无机盐类都是根系从土壤中吸收而来，所以土壤盐浓度过高，渗透压就高，会引起根部腐烂或叶片尖端枯萎的现象。盐类浓度的高低一般用电导值（EC）表示，单位是 S/cm，EC 值高表示土壤中盐浓度高。每一种花卉都有一个适当的 EC 值，如香石竹为 0.5—1.0ms/cm，一品红为 1.5—2.0ms/cm，百合、菊花为 0.5—0.7ms/cm，月季为 0.4—0.8ms/cm。EC 值在适宜的数值以下表示需要肥料，EC 值在 2.5S/cm 以上时，会产生盐类浓度过高，需要大量灌水冲洗以降低 EC 值。

（五）土壤温度

土壤温度也影响花卉的生长。早春进行播种繁殖和扦插繁殖时，气温高于地温，一些种子难以发芽；插穗则只萌发而不发根，结果水分养分很快消耗而使插穗枯萎死亡，因此提高土温才能促进种子萌发及插穗生根。

不同的花卉种类及不同生长发育阶段，对土壤性状的要求也有所不同。露地一、二年生夏季开花种类忌干燥及地下水位低的沙土，秋播花卉以黏壤土为宜。宿根花卉幼苗期喜腐殖质丰富的沙壤土，而生长到第二年后以黏壤土为好。球根花卉，一般以下层沙砾土、表土沙壤土最理想，但水仙、风信子、郁金香、百合、石蒜等，则以黏壤土为宜。

三、土壤改良

在实际操作中，主要通过混入一定量的沙土使黏土的土质得以改良，或是使用有机肥改良土壤的理化性质；还可以使用微生物肥来改良土壤的理化特性和养分状况。在实际工作中，符合种植花卉要求的理想土壤是很少的。因此，在种植花卉之前，要对土壤质地、土壤养分、pH 等进行检测，必要时需检测 EC 值，为花卉栽培提供可靠的信息。过沙、过黏、有机质含量低等土壤结构差的土质，可通过客土或加沙或施用有机肥等方法加以改良，起到培育良好结构性的作用。可加入的有机质包括堆肥、厩肥、锯末、腐叶、泥炭等。合理的耕作也可以在一定时期内改善土壤的结构状况。施用土壤结构改良剂可以促进团粒结构的形成，从而有利于花卉的生长发育。

由于花卉对土壤酸碱性要求不同，栽培前应根据花卉种类或品种的要求，对酸碱性不适宜的土壤进行改良。一般碱性土壤，每 10 平方米施用 1.5kg 的硫酸亚铁后，pH 可相应降低 0.5—1.0，黏性重的碱性土，用量适当增加。当土壤酸性过高不适宜花卉生长时，应根据土壤情况可用生石灰中和，以提高土壤 pH 值。草木灰是良好的钾肥，也可起到中和酸性的作用。含盐量高的土壤采用淡水洗盐的方法，可降低土壤 EC 值。

四、水肥管理

（一）水分管理

水是花卉的主要组成成分之一。花卉的一切生理活动，都是在水的参与下完成的。各种花卉由于生活在不同的环境条件下，需水量也不尽相同；同一种花卉在不同生长发育阶段或在不同季节，对水分的需求也不一样。灌水需要考虑的问题很多，如土壤的类型、土壤湿度和地形地势（坡度），栽培花卉的种类和品种、气候、季节、光照强度以及地面覆盖物的有无等。

1. 花卉的需水特点

不同的花卉，其需水量有极大差别，这与原产地的雨量及其分布状况有关。一般宿根花卉根系强大，并能深入地下，因此需水量较其他花卉少。一、二年生花卉多数容易干旱，灌溉次数应较宿根花卉和木本花卉为多。对于一、二年生花卉，灌水渗入土层的深度达 30—45 厘米，草坪应达 30 厘米，一般灌木 45 厘米，就能满足花卉对水分的需求。

同一花卉不同生长发育阶段对水分的需求量也不相同。种子发芽期，种子发芽时需要较多的水分，以便种子吸水膨胀，促进萌发和出苗。如水分不足播种后种子较难萌发，或即使萌发，胚轴也不能伸长而影响及时出苗。幼苗期，植株叶面积小，蒸腾量也小，需水量不多，但根系分布浅且表层土壤不稳定，易受干旱的影响，必须保持稳定的土壤湿度。营养生长旺盛期和养分积累期，此期是根、茎、叶等同化器官旺盛生长的时期，栽培上应尽量满足其水分需求，但在花开始形成前水分不能供应过多，以抑制其茎叶徒长。开花结果期，开花期对水分要求严格，水分过多会引起落花，不足又容易导致早衰。

花卉在不同季节和气象条件下，对水分的需求也不相同。春秋季干旱时期，应有较多的灌水。晴天、风大时应比阴天、无风时多浇水。

2.土壤状况与灌水

花卉根系从土壤中吸收生长发育所需的营养和水分，只有当土壤理化性质满足花卉生长发育对水、肥、气和温度的要求时，才能获得质量最佳的花卉。

土壤的性质影响灌水质量。优良的园土持水能力强，多余的水也容易排出。黏土持水量强，但粒间空隙小，水分渗入慢，灌水易引起流失，还会影响花卉根部对氧气的吸收，造成土壤的板结。疏松土质的灌溉次数应比黏重的土质多，所以对黏土应特别注意干湿相间的管理，湿以利开花所需足够的水分，干以利土壤空气含量的增加。沙土颗粒愈大，持水力则愈差，粗略地测算，30厘米厚沙土持水仅0.6厘米，沙壤土2.0厘米，细沙壤3.0厘米，而粉沙壤、黏壤、黏土持水达6.3—7.6厘米。因此，不同的土壤需要不同的灌水量。土壤性质不良或是管理不当，会引起花卉缺水。增加土壤中的有机质，有利于土壤通气与持水力。

灌水量因土质而定，以根区渗透为宜。灌水次数和灌水量过多，花卉根系反而生长不良，以至引起伤害，严重时造成根系腐烂，导致植株死亡。此外，灌水不足，水不能渗入底层，常使根系分布浅，这样就会大大降低花卉对干旱和高温的抗性。因此，掌握两次灌水之间土壤变干所需的时间非常重要。

遇表土浅薄、下层黏土重的情况，每次灌水量宜少，但次数增多；如为土层深厚的沙壤土，应一次灌足水，待见干后再灌。黏土水分渗透慢，灌水时间应适当延长，最好采用间歇方式，留有渗入时间，如灌水10分钟，停灌10分钟，再灌10分钟等，这是喷灌常用的方式，遇高温干旱时尤为适宜。

3.灌溉方式

（1）漫灌。大面积的表面灌水方式，用水量大，适用于夏季高温地区植物生长密集的大面积花卉或草坪。

（2）畦灌。在田间筑起田埂，将田块分割成许多狭长地块——畦田，水从输水沟或直接从毛渠放入畦中，畦中水流以薄层水流向前移动，边流边渗，润湿土层，这种灌水方法称为畦灌。畦灌用水量大，土地平整的情况下，灌溉才比较均匀。离进水口近的区域灌溉量大，远的区域灌溉量小。

（3）沟灌。适合于宽行距种植的花卉。沟灌是在行间开挖灌水沟，水从输水沟进入灌水沟后，在流动的过程中主要借毛细管作用湿润土壤。较畦灌节水，不会破坏花卉根部附近的土壤结构，可减少灌溉浸湿的表面积，减少土壤蒸发损失。

（4）喷灌。利用喷灌设备系统，使水在高压下通过喷嘴喷至空中，分散成细小的水滴，像降雨一样进行灌溉。喷灌可节水，可定时，灌溉均匀，但投资大。

（5）滴灌。利用低压管道系统将水直接送到每棵植物的根部，使水分缓慢不断地由滴头直接滴在根附近的地表，渗入土壤并浸润花卉根系主要分布区域的灌溉方法。主要缺点是管道系统堵塞问题，严重时不仅滴头堵塞，还可能使滴灌毛管全部废弃。采用硬度较高的水灌溉时，盐分可能在滴头湿润区域周边产生积累，产生危害，利用天然降雨或结合定期大水漫灌可以减轻或避免土壤盐分积累的问题。

（6）渗灌（浸灌）。利用埋在地下的渗水管，水依靠压力通过渗水管管壁上的微孔渗入田间耕作层，从而浸润土壤的灌溉方法。

4. 灌水时期

花卉的灌水分为休眠期灌水和生长期灌水。休眠期灌水在植株处于相对休眠状态进行，如北方地区常对园林树木灌"冻水"防寒。

生长期灌水时间因季节而异。夏季灌溉应在清晨和傍晚进行，此时水温与地温接相近，灌水对根系生长影响小，傍晚灌水更好，因夜间水分下渗到土层中，可避免日间水分的迅速蒸发。严寒的冬季因早晨温度较低，灌水应在中午前后进行。春秋季以清晨灌水为宜，这时蒸腾较低；傍晚灌水，湿叶过夜，易引起病害。

应特别注意幼苗定植后的水分管理。幼苗移植后的灌溉对其成活关系很大，因幼苗移植后根系尚未与土壤充分接触，移植又使一部分根系受到损伤，吸水力减弱，此时若不及时灌水，幼苗会因干旱而生长受到阻碍，甚至死亡。生产实践中有"灌三水"的操作。即在移植后随即灌水1次；过3天后，进行第2次灌水；再过5—6天，灌第3次水，每次都灌满畦。"灌三水"后，进行正常的松土、灌溉等日常管理。对于根系强大，受伤后容易恢复的花卉，如万寿菊等，灌2次水后，就可进行正常的松土等管理；对于根系较弱、移苗后生长不易恢复的花卉，如一些直根系的花卉，应在第3次灌水后10天左右，再灌第4水。

5. 灌溉用水

灌溉用水以软水为宜，避免使用硬水，最好使用富含养分、温度高的河水，其次是河塘水和湖水，不含碱质的井水也可使用。城市园林绿地灌溉用水，提倡使用中性水。井水温度低，对植物根系发育不利，如能先一日抽出井水贮于池内，待水温升高后再使用，则比较好。小面积灌溉时，可以使用自来水，但成本较高。

6. 排水

土壤水分过多时影响土壤通透性，造成氧气供应不足，从而抑制根系的呼吸作用，降低对水分和矿物质的吸收功能，严重时可导致地上部枯萎、落花、落叶，甚至根系或整个植株死亡。涝害比干旱更能加速植株受害，涝害发生5—10天就会使一半以上的栽培植物死亡。中国南方降雨繁多，在梅雨季节涝害问题更为突出；北方雨量虽少，但降雨主要集中在7—9月，涝害问题也不容忽视。故而，处理好排水问题也是保证花卉正常生长发育的重要内容，在降雨量大、地势低洼、容易积水或排水不良的地段，要在一开始就进行排水工程的规划，建设排水系统，做到及时排水。

积水主要来自雨涝、灌溉不当、上游地区泄洪、地下水位异常上升等，目前主要应用的排水方式有沟排水、井排两种。

（1）沟排水

包括明沟排水和暗沟排水两种。明沟排水是国内外大量应用的传统的排水方法，是在地表面挖排水沟，主要排出地表径流。在较大的花圃、苗圃可设主排、干排、支排和毛排渠4级组成网状排水系统，排水效果较好，具有省工、简便的优点。明沟排水工程量大，占地面积大，易塌方堵水、淤塞和滋生杂草而造成排水不畅，另外养护任务重。

暗沟排水是在种植地按一定距离埋设带有小孔的水泥或陶瓷暗管排水，上面覆土后种植花卉。排水管道的孔径、埋设深度和排水管之间的间距应根据降雨量、地下水位、地势、土壤类型等情况设置。暗沟排水的优点是不占地表，不影响农事作业，排水、排盐效果好，养护负担轻，便于机械施工，在不宜开沟的地区是较好的方法。缺点是管道易被泥沙沉淀所堵塞，植物根系也容易深入管内阻碍水流，成本较高。城市绿化有应用。

（2）井排

井排是在耕作地边上按一定距离开挖深井，通过底边渗漏把水引入深井中，优点是不占地，易与井灌结合，可调节井水水位的高低来维持耕作地一定的地下水位，特别适于容易发生内涝危害的地段，缺点是挖井造价和运转费用较高。

此外，机械排水和输水管系统排水是目前比较先进的排水方式，但由于技术要求较高且不完善，所以应用较少。

（二）施肥

1. 施肥的依据和基本原则

（1）主要营养元素的生理功能。花卉吸收的营养元素来源于土壤和肥料，施肥就是供给植物生长发育所必需的营养元素。因此，明确营养元素的功能是施肥的基础。

（2）施肥的原理。施肥以养分归还（补偿）、最小养分律、同等重要律、不可代替律、肥料效应报酬递减和因子综合作用律为理论依据。

养分归还（补偿）学说。花卉植株中，有大量的养分来自土壤，但土壤并非一个取之不尽、用之不竭的"养分库"。为保证土壤有足够的养分供应容量和强度，保持土壤养分的输出与输入的平衡，必须通过施肥把花卉吸收的养分归还土壤。

最小养分律。花卉作物生长发育需要吸收各种养分，但严重影响花卉生长、限制产量和品质的是土壤中那种相对含量最小的养分因素，也就是花卉最缺乏的那种养分（最小养分）。如果忽视这个最小养分，即使继续增加其他养分，产量或品质也难再提高。最小养分律也即"木桶原理"。

同等重要律。对花卉来讲，不论大量还是微量元素，都是同等重要、缺一不可的，即缺少某一种微量元素，尽管它的需要量很少，但仍会影响某种生理功能而导致减产或花卉品质的降低。微量元素与大量元素同等重要，不能因为需要量少而忽略。

不可代替律。花卉需要的各营养元素，都有其特定的功效，相互之间不能替代，缺什么元素就必须补充含有该元素的肥料。

肥料效应报酬递减律。从一个土地上获得的产品，随着施肥量的增加而增加，但当施肥量超过一定量后，单位施肥量的获得就会依次递减。故施肥要有限度，超过合理施肥上限就是盲目施肥。

因子综合作用律（或称限制因子律）。花卉品质好坏和花卉产品产量高低是影响作物生长发育各个因子综合作用的结果，包括施肥措施在内，其中必有一个或几个在某一阶段是限制因子。所以，为了充分发挥肥料的作用和提高肥料的效益，一方面施肥措施必须与其他农业技术措施密切配合，另一方面各养分之间的配合作用也是不可忽视的问题。

（3）施肥的依据。花卉施肥主要依据花卉的需肥和吸肥特点、土壤类型和理化性质、气候条件以及配套农业措施等。

花卉的需肥和吸肥特性。不同类花卉需肥种类和数量不同，同一花卉的不同生育阶段需肥的种类和数量也不同。不同花卉对营养元素的种类、数量及其比例都有不同的要求。

一、二年生花卉对氮、钾的要求较高，施肥以基肥为主，生长期可以视生长情况适量施肥，但一、二年生花卉间也有一定的差异。播种一年生花卉，在施足基肥的前提下，出苗后只需保持土壤湿润即可，苗期增施速效性氮肥以利快速生长，花前期加施钾肥、磷肥，有的一年生花卉花期较长，故在开花后期仍需追肥。而二年生花卉，在春季就能旺盛生长开花，故除氮肥外，还需选配适宜的磷、钾肥。宿根花卉对于养分的要求以及施肥技术基本上与一、二年生花卉类似，但需度过冬季不良环境，同时为了保证次年萌发时有足够的养分供应，所以后期应及时补充肥料，常以速效肥为主，配以一定比例的长效肥。球根花卉对磷、钾肥需求量大，施肥上应该考虑如何使地下球根膨大，除施足基肥外，前期追肥以氮肥为主，在子球膨大时应及时控制氮肥，增施磷、钾肥。

通过分析不同花卉植株养分的含量，有利于了解花卉对不同养分的吸收、利用及分配情况，并以此作为施肥标准的参考。

土壤类型和理化性质。因不同类型和不同理化性质的土壤中，营养元素的含量和有效性不同，保肥能力不同，土壤类型和性质必然影响肥料的效果，所以施肥必须考虑土壤类型和性质。沙质土保肥能力差，需少量多次施肥；黏质土保肥能力强，可以适当多量少次施肥。

气候条件。气候条件影响施肥的效果，与施肥方法的关系也很密切。干旱地区或干旱季节，肥料吸收利用率不高，可以结合灌水施肥、叶面施肥等。雨水多的地区和季节，肥料淋溶损失严重，应少量勤施；低温和高温季节，花卉吸肥能力差，应少量勤施。

栽培条件和农业措施。施肥必须考虑与栽培条件和农业技术措施的配合。例如，瘠薄土壤上施肥，除应考虑花卉需肥外，还应考虑土壤培肥，即施肥量应大于花卉需求量；而肥沃土壤上施肥应根据"养分归还"学说，按需和按吸收量施肥。地膜覆盖的，因不便土壤追肥，应施足基肥，生长期可以叶面追肥。

露地施肥的基本原则。有机肥和无机肥合理施用。有机肥多为迟效性肥料，可以在较长时间内源源不断地供应植物所需的营养物质；无机肥多为速效性肥料，可以满足较短时间内植物对营养物质相对较多的需求。在花卉施肥中，有机肥和无机肥要配合使用，以达到相互补充。增施有机肥、适当减少无机肥，可以改良土壤理化性状，减少环境污染，使土地资源能够真正实现可持续利用，同时也是提高花卉产品品质、减少产品污染，实现无公害生产的有效途径。

以基肥为主，及时追肥。基肥施用量一般可占总施肥量的50%—60%。在暴雨频繁、水土流失严重或地下水位偏高的地区，可适当减少基肥的施用量，以免肥效损失。结合不同花卉种类和不同生育时期对肥料的需求特点，要进行及时、合理的追肥。

科学合理施肥。在历年施肥管理经验的基础上，及时"看天、看地、看苗"，结合土壤肥力分析、叶分析等手段，判断花卉需肥和土壤供肥情况，正确选择肥料种类，科学配比，及时有效地施用肥料。

2. 施肥时期

按施肥时期划分，施肥可分为施基肥、施种肥和追肥。

施基肥。播种或移植前结合土壤耕作施用肥料。目的是改良土壤和保证整个生长期间能获得充足的养料。基肥一般以有机肥料为主，如堆肥、脱肥、绿肥等，与无机肥料混合使用，效果更好。以无机肥料做基肥时，应注意3种主要肥分的配合。为了调节土壤的酸碱度，改良土壤，施用石灰、硫黄或石膏等间接肥料时也应做基肥。施基肥常在春季进行，但有些露地木本花卉可在秋季施入基肥，以增强树体营养，以利越冬。施基肥的方法一般是普施，施肥深度应该在16厘米左右。

施种肥。在播种时同时施入肥料，称为施种肥。一般以速效性磷肥为主，如在播种时同时施入过磷酸钙颗粒肥。容易烧种、烧苗的肥料，不作为种肥。

追肥。追肥是在花卉生长发育期间施用速效性肥料的方法，目的是补充基肥的不足，及时供应花卉生长发育旺盛期对养分的需要，加快花卉的生长发育，达到提高产量和品质的目的。追肥可以避免速效肥料做基肥使用时养分被固定或淋失。

一、二年生花卉在幼苗期的追肥，氮肥成分可稍多一些，主要目的是促进其茎叶的生长，但在以后生长期间，磷钾肥料应逐渐增加，生长期长的花卉，追肥次数应较多。宿根和球根花卉追肥次数较少，一般追肥3—4次，第1次在春季开始生长；第2次在开花前；第3次在开花后；秋季叶枯后，应在株旁补以堆肥、厩肥、饼肥等有机肥，行第4次追肥。一些开花期长的花卉，如大丽花、美人蕉等，在开花期也应适当给予追肥。

花卉对肥料需求有两个关键的时期，即养分临界期和最大效率期，掌握不同种类花卉的营养特性，充分利用这两个关键时期，供给花卉适宜的营养，对花卉的生长发育非常重要。植物养分的分配首先是满足生命活动最旺盛的器官，一般生长最快以及器官形成时，也是需肥量最多的时期。施足基肥，以保证在整个生长期间能获得充足的矿质养料。一年中，追肥时期通常在夏季，把速效性肥料分次施入，以保证花卉在旺盛生长期对养分的大量需求。

3. 施肥方法

土壤施肥的深度和广度，应依根系分布的特点，将肥料施在根系分布范围内或稍远处。这样一方面可以满足花卉的需要，另一方面还可诱导根系扩大生长分布范围，形成更为强大的根系，增加吸收面积，有利于提高花卉的抗逆性。由于各种营养元素在土壤中移动性不同，不同肥料施肥深度也不相同。氮肥在土壤中移动性强，可以浅施；磷、钾肥移动性差，宜深施至根系分布区内，或与其他有机质混合施用效果更好。氮肥多用作追肥，磷、钾肥与有机肥多用作基肥。

普施。指将肥料均匀撒布在土壤表面，然后通过耕翻等混入土壤中。在平畦状态下，有时也用作化肥的追肥，但要结合灌水。

条施和沟施。条施是在播种或定植后，在行间成条状撒施肥料，行内不施肥。条施后一般要耕翻混入土壤。沟施是指在开好播种沟或定植沟后，将肥料施入沟中再覆土的施肥方法。条施和沟施多用于化肥或肥效较高的有机肥的追肥。在行间较大或宽窄行栽植时应用，操作简单易行。

穴施和环施。穴施是指在定植时，边定植边施入肥料，或者是在栽培期间，于植株根茎附近开穴施入肥料，并埋入土壤的施肥方法。环施是指沿植株周围开环状沟，将肥料施入后随即掩埋的施肥方法。穴施可以实现集中施肥，有利于提高肥效，减少肥料被土壤固定和流失，施肥量、施入深度及距植株的距离可调。但穴施用工量大，适用于单株较大的花卉种类和密度较低栽培形式。环施是在植株的周边，以植株为圆心，开沟施入肥料，主要应用在单株特别大，根系分布较深的观赏植物，园林中应用多。穴施常用化肥，环施常用有机肥。

随水冲施。是指将肥料浸泡在盛水的桶、盆等容器中，在灌溉的同时将未完全溶解的肥料随灌溉水施入土壤。缺点是施肥的均匀性难以保证。生产中要根据灌溉水流动速度，调整加入肥水混合液的速度，使肥料均匀施入。主要应用在畦灌、沟灌的无机肥的追肥。

根外追肥或称叶面施肥。这种方法简单易行，节省肥料，效果快，可与土壤施肥相互补充，一般在施肥1—2天后即可表现出肥料效果，使用复合肥效果更好。叶面施肥仅作为解决临时性问题时的辅助措施，一般需喷施3—4次。常用于根外追肥的肥料种类有尿素、磷酸二氢钾、硫酸钾、硼砂等。根外追肥浓度要适宜，如磷、钾肥以0.1%为宜，尿素以0.2%为宜。喷溶液的时间宜在傍晚，以溶液不滴下为宜。

施肥量。施肥量应根据花卉的种类、品种、栽培条件、生长发育状况、土壤条件、施肥方法、肥料特性等综合考虑。一般植株矮小的可以少施，植株高大、枝繁叶茂、花朵丰硕的花卉宜多施。有些喜肥花卉，如香石竹、月季、菊花、牡丹、一品红等需肥较多；有些耐贫瘠的花卉，如凤梨等需肥较少。缓效肥料可以适当多施，速效肥料适度施用。

要确定准确的施肥量，需经田间试验，结合土壤营养分析和植物体营养分析，根据养分吸收量和肥料利用率来测算。施肥量的计算公式：

$$施肥量 = \frac{花卉吸肥量 - 土壤供肥量}{肥料中养分含量 \times 肥料当季利用率}$$

根据 Aldrich, G.A. 的报道，施用 N、P、K 比例为 5：10：5 的完全肥，球根类 $0.05—0.15kg/m^2$，花境 $0.15—0.25kg/m^2$，落叶灌木 $0.15—0.3kg/m^2$，常绿灌木 $0.15—0.3kg/m^2$。我国通常每千克土壤施氮肥 0.2g，磷肥（P_2O_5）0.15g，钾肥（K_2O）0.1g，折合成硫酸铵 1g 或尿素 0.4g，磷酸二氢钙 1g，硫酸钾 0.2g 或氯化钾 0.18g，即可供一年生作物开花结实。由于淋失等原因，实际用量一般远远超过这些数值。与植物需求量大的磷、钾、钙一样，土壤中氮含量有限，大多不能满足植物的需要，需通过施肥来大量补充。其他大量元素是否需要补充，视植物要求及其存在于土壤中的数量和有效性决定，并受土壤和水质的影响。通常微量元素除沙质土壤和水培时外，一般在土壤中已有充足供应时，不需另外补充。

五、防寒与降温

（一）防寒

对于露地栽培的二年生花卉和耐寒能力差的花卉，必须进行防寒，以免过度低温的危害。由于各地区的气候不同，采用的防寒方法也不相同。

常用的防寒有以下几种：

1.覆盖法

在霜冻到来之前，在畦面上覆盖干草、落叶、草苦物，一般可在第二年春季晚霜过后再将畦面清理好，也可视情形灵活掌握去除覆盖物的时间。常用于二年生花卉、宿根花卉、可露地越冬的球根花卉和木本植物幼苗的防寒越冬。

2.培土

冬季地上部枯萎的宿根花卉和进入休眠的花灌木，培土防寒是常用的方法，待春季到来后，萌芽前再将土扒平。

3.熏烟法

对于露地越冬的二年生花卉，可采用熏烟法以防霜冻。熏烟时，用烟和水汽组成的烟雾，能减少土壤热量的散失，防止土壤温度降低。同时，发烟时烟粒吸收热量使水汽凝成液体而释放出热量，可使地温提高，防止霜冻。但熏烟法只有在温度不低于 -2℃时才有显著效果。因此，在晴天夜里当温度降低到接近 0℃时即可开始熏烟。

4.灌水

冬灌能减少或防止冻害，春灌有保温、增湿的效果。由于水的热容量大，灌水后提高了土壤的导热能力，使深层土壤的热量容易传导上来，从而提高近地表的温度 2—2.5℃。灌溉还可提高空气中的含水量，空气中的蒸汽凝结成水滴时放热，可以提高气温。灌溉后土壤湿润，热容量加大，能减缓表层土壤温度的降低。

5.浅耕

进行浅耕，可减低因水分蒸发而发生的冷却作用，同时，耕翻后表土疏松，有利于太阳热辐射的导入。再加镇压后，能增强土壤对热的传导作用并减少已吸收热量的散失，保持土壤下层的温度。

6.绑扎

一些观赏树木茎干，用草绳等包扎，可防寒。

7. 密植

密植可以增加单位面积茎叶的数目，减低地面热的辐射散失，起到保温的作用。

除以上方法外，还有设立风障、利用冷床（阳畦）、减少氮肥和增施磷钾肥增强花卉抗寒力等方法，都是有效的防寒措施。

（二）降温

夏季温度过高，会对花卉产生危害，可通过人工降温保护花木安全越夏。人工降温措施包括叶面喷水、畦间喷水、搭设遮阳网或草帘覆盖等。

六、杂草防除

杂草防除是除去田间杂草，不使其与花卉争夺水分、养分和光照，杂草往往还是病虫害的寄主。因此一定要彻底清除，以保证花卉的健壮生长。

除草工作应在杂草发生的早期及时进行，在杂草结实之前必须清除干净，不仅要清除栽植地上的杂草，还应把四周的杂草除净，对多年生宿根性杂草应把根系全部挖出，深埋或烧掉。小面积以人工除草为主，大面积可采用机械除草或化学除草。杂草去除，可使用除草剂，根据花卉的种类正确选择适合的除草剂，并根据使用说明书，掌握正确的使用方法、用药浓度及用药量。

除草剂的类型大致分 4 类：灭生性除草剂对所有杂草全部杀死，不加区别。如百草枯。选择性除草剂对杂草做有选择地杀死，对作物的影响也不尽相同，如 2, 4-D 丁酯。内吸性除草剂通过杂草的茎、叶或根部吸收到植物体内，起到破坏内部结构、破坏生理平衡的作用，从而使杂草死亡。由茎、叶吸收的，如草甘膦；通过根部吸收的，如西玛津；触杀性除草剂只杀死直接接触的植物部分，对未接触的部分无效。如除草醚。

常见的除草剂有：百草枯、除草醚、五氯酚钠、扑草净、灭草隆、敌草隆、绿麦隆、2,4-D 丁酯、草甘膦、茅草枯、西玛津、盖草能等。2,4-D 丁酯可防除双子叶植物杂草，多用 0.5%—1.0% 的稀释液田间喷洒，每亩用量为 0.05—0.3 公斤。草甘膦能有效防除一、二年生禾本科杂草、莎草、阔叶杂草以及多年生恶性杂草。草甘膦对植物没有选择性，具强内吸性，因此不能将药剂喷到花木叶面上。在杂草生长旺盛时使用，比幼苗期使用效果更好。蜀桧、龙柏、大叶黄杨、紫薇、紫荆、女贞、海桐、金钟花、迎春、南天竹、金橘、木槿、麦冬、鸢尾等花卉草甘膦抗逆性强，桃、梅、红叶李、水杉、酢浆草、无花果、槐、金丝桃等花卉苗木对草甘膦反应极敏感，不宜使用。

盖草能有效去除禾本科杂草，如马唐、牛筋草、狗尾草等。每亩使用 25—35 毫升，加水 30 公斤喷雾，在杂草三至五叶期使用较佳；如在杂草旺盛期使用，需加大剂量。

第七章 园林绿化养护管理

随着社会经济的发展，城市绿化的重要性已经得到政府和公众的认可。城市绿化的水平和质量直接反映了城市的环境质量和特点，从而直接反映了城市的发展水平和文明程度。只有不断地开发和创新园林工程的内容，才能满足人们对城市绿化环境的更高要求，进而改善人们的居住环境。在园林建设过程中，养护管理是园林绿化工程中的一项重要工作。只有及时处理当前园林绿化管理中存在的问题。本章节论述了园林绿化的养护与管理。针对客观实际问题，加强绿化养护技术，最大限度地实现了养护管理对策，保证了园林施工规程。健康的操作可以为人们提供更舒适、更健康的生活环境。

第一节 园林养护管理概述

一、养护管理的意义

园林树木所处的各种环境条件比较复杂，各种树木的生物学特性和生态习性各有不同，因此为各种园林树木创造优越的生长环境，满足树木生长发育对水、肥、气、热的需求，防治各种自然灾害和病虫害对树木的危害，通过整形修剪和树体保护等措施调节树木生长和发育的关系，并维持良好的树形，使树木更适应所处的环境条件，尽快持久地发挥树木的各种功能效益，将是园林工作一项重要而长期的任务。

园林树木养护管理的意义可归纳为以下几个方面：

1. 科学的土壤管理可提高土壤肥力，改善土壤结构和理化性质，满足树木对养分的需求。

2. 科学的水分管理可以使树木在适宜的水分条件下，进行正常的生长发育。

3. 施肥管理可对树木进行科学的营养调控，满足树木所缺乏的各种营养元素，确保树木生长发育良好，同时达到枝繁叶茂的绿化效果。

4. 及时减少和防治各种自然灾害、病虫害及人为因素对园林树木的危害，能促进树木健康生长，使园林树木持久地发挥各种功能效益。

5. 整形修剪可调节树木生长和发育的关系并维持良好的树形，使树木更好地发挥各种功能效益。

俗话说"三分种植，七分管理"，这就说明园林植物养护管理工作的重要性。园林植物栽植后的养护管理工作是保证其成活，实现预期绿化美化效果的重要措施。为了使园林植物生长旺盛，保证正常开花结果，必须根据园林植物的生态习性和生命周期的变化规律，因地、因时地进行日常的管理与养护，为不同年龄，不同种类的园林植物创造适宜生长的环境条件。通过土、水、肥等养护与管理措施，可以为园林植物维持较强的生长势、预防早衰、延长绿化美化观赏期奠定基础。因此，做好园林植物的养护管理工作，不但能有效改善园林植物的生长环境，促进其生长发育，也对发挥其各项功能效益，达到绿化美化的预期效果具有重要意义。园林植物的养护管理严格来说应包括两方面的内容：（1）"养护"，即根据各种植物生长发育的需要和某些特定环境条件的要求，及时采取浇水、施肥、中耕除草、修剪、病虫害防治等园艺技术措施。（2）"管理"，主要指看管维护、绿地保洁等管理工作。

二、养护管理的内容

园林树木养护管理的主要内容包括园林树木的土壤管理、施肥管理、水分管理、光照管理、树体管理、园林树木整形修剪、自然灾害和病虫害及其防治措施、看管围护以及绿地的清扫保洁等。

三、园林绿化养护中常用术语

1. 树冠：树木主干以上集生枝叶的部分。

2. 花蕾期：植物从花芽萌发到开花前的时期。

3. 叶芽：形状较瘦小，前段尖，能发育成枝和叶的芽。

4. 花芽：形状较肥大，略呈圆形，能发育成叶和花序的芽。

5. 不定芽：在枝条上没有固定位置，重剪或受刺激后会大量萌发的芽。

6. 生长势：植物的生长强弱，泛指植物生长速度、整齐度、茎叶色泽和分枝的繁茂程度。

7. 行道树：栽植在道路两旁，构成街景的树木。

8. 古树名木：树龄到百年以上或珍贵稀有，具有重要历史价值和纪念意义以及具有重要科研价值的树木。

9. 地被植物：指植株低矮（50厘米以下），用于覆盖园林地面的植物。

10. 分枝点：乔木主干上开始分出分枝的部位。

11. 主干：乔木或非丛生灌木地面上部与分枝点之间部分，上承树冠，下接根系。

12. 主枝：自主干生出，构成树型骨架的粗壮枝条。

13. 侧枝：自主枝生出的较小枝条。

14. 小侧枝：自侧枝上生出的较小枝条。

15. 春梢：初春至夏初萌发的枝条。

16. 园林植物养护管理：对园林植物采取灌溉、排涝、修剪、防治病虫、防寒、支撑、除草、中耕、施肥等技术措施。

17. 整形修剪：用剪、锯、疏、扎、绑等手段，使植物生长成特定形状的技术措施。

18. 冬季修剪：自秋冬至早春植物休眠期内进行的修剪。

19. 夏季修剪：在夏季植物生长季节进行的修剪。

20. 伤流：树木因修剪或其他创伤，造成伤口处流出大量树液的现象。

21. 短截：在枝条上选留几个合适的芽后将枝条剪短，达到减少枝条、刺激侧枝萌发新梢的目的。

22. 回缩：在树木二年以上生枝条上剪截去一部分枝条的修剪方法。

23. 疏枝：将树木的枝条贴近着根部或地面剪除的修剪方法。

24. 摘心、剪梢：将树木枝条减去顶尖幼嫩部分的修剪方法。

25. 施肥：在植物生长发育过程中，为补充所需各种营养元素而采取的肥料施用措施。

26. 基肥：植物种植或栽植前，施入土壤或坑穴中作为底肥的肥料，多为充分腐熟的有机肥。

27. 追肥：植物种植或栽植后，为弥补植物所需各种营养元素的不足而追加施用的肥料。

28. 病虫害防治：对各种植物病虫害进行预防和治疗的过程。

29. 人工防治病虫害：针对不同病虫害所采取的人工防治方法。主要包括饵料诱杀、热处理、阻截上树、人工捕捉、挖蛹、摘除卵块虫包、刷除虫卵、刺杀蛀干害虫以及结合修剪剪除病虫枝、摘除病叶病梢、刮除病斑等措施。

30. 除草：植物生长期间人工或采用除草剂去除目的植物以外杂草的

措施。

31.灌溉：为调节土壤温度和土壤水分，满足植物对水分的需要而采取的人工引水浇灌的措施。

32.排涝：排除绿地中多余积水的过程。

33.返青水：为植物正常发芽生长，在土壤化冻后对植物进行的灌溉。

34.冻水：为植物安全越冬，在土壤封冻前对植物进行的灌溉。

35.冠下缘线：由同一道路中每株行道树树冠底部缘线形成的线条。

四、园林绿化树木养护标准

根据园林绿地所处位置的重要程度和养护管理水平的高低，将园林绿地的养护管理分成不同等级，由高到低分别为一级养护管理、二级养护管理和三级养护管理等三个等级。

（一）园林绿化一级养护管理质量标准

1.绿化养护技术措施完善，管理得当，植物配置科学合理，达到黄土不露天。

2.园林植物生长健壮。新建绿地各种植物两年内达到正常形态。园林树木树冠完整美观，分枝点合适，枝条粗壮，无枯枝死杈；主侧枝分布匀称，数量适宜、修剪科学合理；内膛疏空，通风透光。花灌木开花及时，株形饱满，花后修剪及时合理。绿篱、色块等修剪及时，枝叶茂密整齐，树木造型雅观。行道树无缺株，绿地内无死树。

落叶树新梢生长健壮，叶片形态、颜色正常。一般条件下，无黄叶、焦叶、卷叶，正常叶片保存率在95%以上。针叶树针叶宿存3年以上，结果枝条在10%以下。花坛、花带轮廓清晰，整齐美观，色彩艳丽，无残缺，无残花败叶。草坪及地被植物整齐，覆盖率99%以上，草坪内无杂草。草坪绿色期：冷季型草不得少于300天，暖季型草不得少于210天。

病虫害控制及时，园林树木无蛀干害虫活卵、活虫；园林树木主干、主枝上，平均每100立方厘米介壳虫的活虫数不得超过1头，较细枝条上平均每30立方厘米不得超过2头，且平均被害株数不得超过1%。叶片无虫粪、虫网。虫食叶片每株不得超过2%。

3. 垂直绿化应根据不同植物的攀缘特点，及时采取相应的牵引、设置网架等技术措施，视攀缘植物生长习性，覆盖率不得低于90%。开花的攀缘植物应适时开花，且花繁色艳。

4. 绿地整洁、无杂挂物。绿化生产垃圾（如树枝、树叶、草屑等）和绿地内水面杂物，重点地区随产随清，其他地区日产日清，及时巡视保洁。

5. 栏杆、园路、桌椅、路灯、井盖和牌示等园林设施完整安全，维护及时。

6. 绿地完整，无堆物、堆料、搭棚，树干无钉拴刻画等现象。行道树下距树干2米范围内无堆物，堆料圈栏或搭棚设摊等影响树木生长和养护管理的现象。

（二）园林绿化二级养护质量标准

1. 绿化养护技术措施比较完善，管理基本得当，植物配置合理，基本达到黄土不露天。

2. 园林植物生长正常。新建绿地各种植物3年内达到正常形态。园林树木树冠基本完整。主侧枝分布匀称、数量适宜、修剪合理；内膛不乱，通风透光。花灌木开花及时，正常，花后修剪及时；绿篱、色块枝叶正常，整齐一致。行道树无缺株，绿地内无死树。

落叶树新梢生长正常，叶片大小、颜色正常。在一般条件下，黄叶、焦叶、卷叶和带虫粪、虫网的叶片不得超过5%，正常叶片保存率在90%以上。针叶树针叶宿存2年以上，结果枝条不超过20%。花坛、花带轮廓清晰，整齐美观，适时开花，无残缺。草坪及地被植物整齐一致，覆盖率95%以上。除缀花草坪外，草坪内杂草率不得超过2%。草坪绿色期：冷季型草不得少于 270 天，暖季型草不得少于 180 天。

病虫害控制及时，园林树木有蛀干害虫危害的株数不得超过 1%；园林树木的主干、主枝上平均每 100 平方厘米介壳虫的活虫数不得超过 2 头，较细枝条上平均每 30 厘米不得超过 5 头，且平均被害株数不得超过 3%。叶片无虫粪，虫咬叶片每株不得超过 5%。

3. 垂直绿化应根据不同植物的攀缘特点，采取相应的牵引、设置网架等技术措施，视攀缘植物生长习性，覆盖率不得低于 80%，开花的攀缘植物能适时开花。

4. 绿地整洁，无杂挂物，绿化生产垃圾（如树枝、树叶、草屑等）绿地内水面杂物应日产日清，做到保洁及时。

5. 栏杆、园路、桌椅、路灯、井盖和牌示等园林设施完整、安全，基本做到维护及时。

6. 绿地完整，无堆物、堆料、搭棚，树干无钉拴刻画等现象。行道树下距树干 2 m 范围内无堆物、堆料、搭棚设摊、圈栏等影响树木生长和养护管理的现象。

（三）园林绿化三级养护质量标准

1. 绿化养护技术措施基本完善，植物配置基本合理，裸露土地不明显。

2. 园林植物生长正常，新建绿地各种植物 4 年内达到正常形态。园林树木树冠基本正常，修剪及时，无明显枯枝死杈。分枝点合适，枝条粗壮，行道树缺株率不超过 1%，绿地内无死树。落叶树新梢生长基本正常、叶片大小、颜色正常。正常条件下，黄叶、焦叶、卷叶和带虫粪、虫网叶片的株数不得超过 10%，正常叶片保存率在 85% 以上。针叶树针叶宿存 1 年以上，结果枝条不超过 50%。花坛、花带轮廓基本清晰、整齐美观，无残缺。草坪及地被植物整齐一致，覆盖率 90% 以上。除缀花草坪外，草坪内杂草率不得超过 5%。草坪绿色期：冷季型草不得少于 240 天，暖季型草不得少于 160 天。

病虫害控制比较及时，园林树木有蛀干害虫危害的株数不得超过 3%；园林树木主干、主枝上平均每 100 平方厘米介壳虫的活虫数不得超过 3 头，较细枝条上平均每 30 平方厘米不得超过 8 头，且平均被害株数不得超过 5%。虫食叶片每株不得超过 8%。

3. 垂直绿化能根据不同植物的攀缘特点，采取相应的技术措施，视攀缘植物生长习性，覆盖率不得低于 70%。开花的攀缘植物能适时开花。

4. 绿地基本整洁，无明显杂挂物。绿化生产垃圾（如树枝、树叶、草屑等）、绿地内水面杂物能日产日清，能做到保洁及时。

5. 栏杆、园路、桌椅、路灯、井盖和牌示等园林设施基本完整，能进行维护。

6. 绿地基本完整，无明显堆物、堆料、搭棚、树干无钉拴刻画等现象。行道树下距树干 2 米范围内无明显的堆物、堆料、围栏或搭棚设摊等影响树木生长和养护管理的现象。

第二节　园林植物的土壤管理

一、土壤的概念和形成

土壤是园林植物生长发育的基础，也是其生命活动所需水分和营养的源泉。因此，土壤的类型和条件直接关系园林植物能否正常生长。由于不同的植物对土壤的要求是不同的，栽植前了解栽植地的土壤类型，对于植物种类的选择具有重要的意义。据调查，园林植物生长地的土壤大致有以下几种类型：

1. 荒山荒地
荒山荒地的土壤还未深翻熟化，其肥力低，保水保肥能力差，不适宜直接作为园林植物的栽培土壤，如需荒山造林，则需要选择非常耐贫瘠的园林植物种类，如荆条、酸枣等。

2. 平原沃土

平原沃土适合大部分园林植物的生长，是比较理想的栽培土壤，多见于平原地区城镇的园林绿化区。

3. 酸性红壤

在我国长江以南地区常有红壤土。红壤土呈酸性，土粒细、结构不良。水分过多时，土粒吸水成糊状；干旱时水分容易蒸发散失，土块易变得紧实坚硬，常缺乏氮、磷、钾等元素。许多植物不能适应这种土壤，因此需要改良。例如，增施有机肥、磷肥、石灰，扩大种植面，并将种植面连通，开挖排水沟或在种植面下层设排水层等。

4. 水边低湿地

水边低湿地的土壤一般比较紧实，水分多，但通气不良，而且北方低湿地的土质多带盐碱，对植物的种类要求比较严格，只有耐盐碱的植物能正常生长，如柳树、白蜡树、刺槐等。

5. 沿海地区的土壤

滨海地区如果是沙质土壤，盐分被雨水溶解后就能够迅速排出；如果是黏性土壤，因透水性差，会残留大量盐分。为此，应先设法排洗盐分，如淡水洗盐和增施有机肥等措施，再栽植园林植物。

6. 紧实土壤

城市土壤经长时间的人流践踏和车辆碾压，土壤密度增加，孔隙度降低，导致土壤通透性不良，不利于植物的生长发育。这类土壤需要先进行翻地松土，增添有机质后再栽植植物。

7. 人工土层

如建筑的屋顶花园、地下停车场、地下铁道、地下储水槽等上面栽植植物的土壤一般是人工修造的。人工土层这个概念是针对城市建筑过密现象，而提出的解决土地利用问题的一种方法。由于人工土层没有地下毛细管水的供应，而且土壤的厚度受到限制，土壤水分容量小，因此人工土层如果没有及时的雨水或人工浇水，则土壤会很快干燥，不利于植物的生长。又由于土层薄，受外界温度变化的影响比较大，导致土壤温度变化幅度较大，对植物的生长也有较大的影响。由此可见，人工土层的栽植环境不是很理想。由于上述原因，人工土层中土壤微生物的活动也容易受影响，腐殖质的形成速度缓慢，由此可见人工土层的土壤构成选择很重要。为减轻建筑，特别是屋顶花园负荷和节约成本，要选择保水、保肥能力强，质地轻的材料，例如混合硅石、珍珠岩、煤灰渣、草炭等。

8. 市政工程施工后的场地

在城市中由于施工将未熟化的新土翻到表层，使土壤肥力降低。机械施工、碾压，则会导致土壤坚硬、通气不良。这种土壤一般需要经过一定的改良才能保证植物的正常生长。

9. 煤灰土或建筑垃圾土

煤灰土或建筑垃圾土是在生活居住区产生的废物，如煤灰、垃圾、瓦砾、动植物残骸等形成的煤灰土以及建筑施工后留下的灰槽、灰渣、煤屑、砂石、砖瓦块、碎木等建筑垃圾堆积而成的土壤。这种土壤不利于植物根系的生长，一般需要在种植坑中换上比较肥沃的壤土。

10. 工矿污染地

由于矿山、工厂等排出的废物中的有害成分污染土地，致使树木不能正常生长。此时除选择抗污染能力强的树种外，也可以进行换土，不过换土成本太高。

除以上类型外，还有盐碱土、重黏土、沙砾土等土壤类型。在栽植前应充分了解土壤类型，然后根据具体的植物种类和土壤类型，有的放矢地选择植物种类或改良土壤的方法。

二、园林植物栽植前的整地

整地包括土壤管理和土壤改良两个方面，它是保证园林植物栽植成活和正常生长的有效措施之一。很多类型的土壤需要经过适当调整和改造，才能适合园林植物的生长。不同的植物对土壤的要求是不同的，但是一般而言，园林植物都要求保水保肥能力好的土壤，而在干旱贫瘠或水分过多的土壤上，往往会导致植物生长不良。

1.整地的方法

园林植物栽植地的整地工作包括适当整理地形、翻地，去除杂物，碎土，耙平，填压土壤等内容，具体方法应根据具体情况进行：

（1）一般平缓地区的整地

对于坡度在8°以下的平缓耕地或半荒地，可采取全面整地的方法。常翻耕30厘米深，以利于蓄水保墒。对于重点区域或深根性树种可深翻50厘米，并增施有机肥以改良土壤。为利于排除过多的雨水，平地整地要有一定坡度，坡度大小要根据具体地形和植物种类而定，如铺种草坪，适宜坡度为2%—4%。

（2）工程场地地区的整地

在这些地区整地之前，应先清除遗留的大量灰渣、砂石、砖石、碎木及建筑垃圾等，在土壤污染严重或缺土的地方应换入肥沃土壤。如有经夯实或机械碾压的紧实土壤，整地时应先将土壤挖松，并根据设计要求做地形处理。

（3）低湿地区的整地

这类地区由于土壤紧实，水分过多，通气不良，又多带盐碱，常使植物生长不良。可以采用挖排水沟的办法，先降低地下水位防止返碱，再行栽植。具体办法是在栽植前一年，每隔20米左右挖一条1.5—2.0米宽的排水沟，并将挖出的表土翻至一侧培成垅台。经过一个生长季的雨水冲洗，土壤盐碱含量减少，杂草腐烂了，土质疏松，不干不湿，再在垅台上栽植。

（4）新堆土山的整地

园林建设中由挖湖堆山形成的人工土山，在栽植前要先令其经过至少一个雨季的自然沉降，然后再整地植树。由于这类土山多数不太大，坡度较缓，又全是疏松新土，整地时可以按设计要求进行局部的自然块状调整。

（5）荒山整地

在荒山上整地，要先清理地面，挖出枯树根，搬除可以移动的障碍物。坡度较缓、土层较厚时，可以用水平带状整地法，即沿低山等高线整成带状，因此又称环山水平线整地。在水土流失较严重或急需保持水土、使树木迅速成林的荒山上，则应采用水平沟整地或鱼鳞坑整地，也可以采用等高撩壕整地法。在我国北方土层薄、土壤干旱的荒山上常用鱼鳞坑整地，南方地区常采用等高撩壕整地。

2. 整地时间

整地时间的早晚关系园林栽植工程的完成情况和园林植物的生长效果。一般情况下应在栽植前三个月以上的时期内（最好经过一个雨季）完成整地工作，以便蓄水保墒，并可保证栽植工作及时进行，这一点在干旱地区尤其重要。如果现整现栽，栽植效果将会大受影响。

三、园林植物生长过程中的土壤改良

园林植物生长过程中的土壤改良和管理的目的是，通过各种措施来提高土壤的肥力，改善土壤结构和理化性质，不断供应园林植物所需的水分与养分，为其生长发育创造良好的条件。同时结合其他措施，维持园林地形地貌整齐美观，防止土壤被冲刷和尘土飞扬，增强园林景观效果。

园林绿地的土壤改良不同于农田的土壤改良，不可能采用轮作、休闲等措施，只能采用深翻、增施有机肥、换土等手段来完成，以保持园林植物正常生长几十年至几百年。园林绿地的土壤改良常采用的措施有深翻熟化、客土改良、培土（掺沙）和施有机肥等。

（一）深翻熟化

对植物生长地的土壤进行深翻，有利于改善土壤中的水分和空气条件，使土壤微生物活动增加，促进土壤熟化，使难溶性营养物质转化为可溶性养分，有助于提高土壤肥力。如果深翻时结合增施适当的有机肥，还可改善土壤结构和理化性质，促使土壤团粒结构的形成，增加孔隙度。

对于一些深根性园林植物，深翻整地可促使其根系向纵深发展；对一些重点树种进行适时深耕，可以保证供给其随年龄的增长而增加的水、肥、气、热的需要。采取合理深翻、适量断根措施后，可刺激植物发生大量的侧根和须根，提高吸收能力，促使植株健壮，叶片浓绿，花芽形成良好。深翻还可以破坏害虫的越冬场所，有效消灭地下害虫，减少害虫数量。因此，深翻熟化不仅能改良土壤，而且能促进植物生长发育。

深翻主要的适用对象为片林、防护林、绿地内的丛植树、孤植树下边的土壤。而对一些城市中的公共绿化场所，如有铺装的地方，就不适宜用深翻措施，可以借助其他方式（如打孔法）解决土壤透气、施肥等问题。

1. 深翻时间

深翻时间一般以秋末冬初为宜。此时，地上部分生长基本停止或趋于缓慢，同化产物消耗减少，并已经开始回流积累。深翻后正值根部秋季生长高峰，伤口容易愈合，容易发出部分新根，吸收和合成营养物质积累在树体内，有利于树木翌年的生长发育；深翻后经过冬季。

有利于土壤风化积雪保墒；深翻后经过大量灌水，土壤下沉，土粒与根系进一步密接，有助于根系生长。早春土壤化冻后也可及早进行深翻，此时地上部分尚处于休眠期，根系活动刚开始，生长较为缓慢，伤根后也较易愈合再生（除某些树种外）。由于春季养护管理工作繁忙，劳动力紧张，往往会影响深翻工作的进度。

2. 深翻深度

深翻深度与地区、土壤种类、植物种类等有关，一般为 60—100 厘米。在一定范围内，翻得越深效果越好，适宜深度最好距根系主要分布层稍深、稍远一些，以促进根系向纵深生长，扩大吸收范围，提高根的抗逆性。黏重土壤深翻应较深，沙质土壤可适当浅耕。地下水位高时深翻宜浅，下层为半风化的岩石时则宜加深以增厚土层。深层为砾石，应翻得深些，拣出砾石并换好土，以免肥、水淋失。地下水位低，土层厚，栽植深根性植物时则宜深翻，反之则浅。下层有黄淤土、白干土、胶泥板或建筑地基等残存物时深翻深度则以打破此层为宜，以利于渗水。

为提高工作效率，深翻常结合施肥、灌溉同时进行。深翻后的土壤，常维持原来的层次不变，就地耕松掺施有机肥后，再将新土放在下部，表土放在表层。有时为了促使新土迅速熟化，也可将较肥沃的表土放置沟底，而将新土覆在表层。

3. 深翻范围

深翻范围视植物配置方式确定。如是片林、林带，由于梢株密度较大可全部深翻；如是孤植树，深翻范围应略大于树冠投影范围。深度由根茎向外由浅至深，以放射状逐渐向外进行，以不损伤 1.5—2 厘米以上粗根为度。为防止一次伤根过多，可将植株周围土壤分成四份，分两次深翻，每次深翻对称的两份。

对于有草坪或有铺装的树盘，可以结合施肥采用打孔的方法松土，打孔范围可适当扩大。而对于一些土层比较坚硬的土壤，因无法深翻，可以采用爆破法松土，以扩大根系的生长吸收范围。由于该法需在公安机关批准后才能应用，且在离建筑物近、有地面铺装或公共活动场所等地不能使用，故该法在园林上应用还比较少。

（二）土壤化学改良

1.施肥改良

施肥改良以施有机肥为主，有机肥能增加土壤的腐殖质，提高土壤保水保肥能力，改良熟土的结构，增加土壤的孔隙度，调节土壤的酸碱度，从而改善土壤的水、肥、气、热状况。常用的有机肥有厩肥、堆肥、禽肥、鱼肥、饼肥、人粪尿、土杂肥、绿肥以及城市中的垃圾等，但这些有机肥均需经过腐熟发酵后才可使用。

2.调节土壤酸碱度

土壤的酸碱度主要影响土壤养分的转化与有效性，土壤微生物的活动和土壤的理化性质等，因此与园林植物的生长发育密切相关。绝大多数园林植物适宜中性至微酸性的土壤，然而我国许多城市的园林绿地中，南方城市的土壤 pH 值常偏低，北方常偏高。土壤酸碱度的调节是一项十分重要的土壤管理工作。

（1）土壤的酸化处理。土壤酸化是指对偏酸性的土壤进行必要的处理，使其 pH 值有所降低从而适宜酸性园林植物的生长。目前，土壤酸化主要通过施用释酸物质来调节，如施用有机肥料、生理酸性肥料、硫黄等，通过这些物质在土壤中的转化，产生酸性物质，降低土壤的 pH 值。如盆栽园林植物可用 1：50 的硫酸铝钾，或 1：180 的硫酸亚铁水溶液浇灌来降低盆栽土的 pH 值。

（2）土壤碱化处理。土壤碱化是指往偏酸的土壤中施加石灰、草木灰等碱性物质，使土壤 pH 值有所提高，从而适宜一些碱性园林植物生长。比较常用的是农业石灰，即石灰石粉（碳酸钙粉）。使用时石灰石粉越细越好（生产上一般用 300—450 目），这样可增加土壤内的离子交换强度，以达到调节土壤 pH 值的目的。

（三）生物改良

1. 植物改良

植物改良是指通过有计划地种植地被植物来达到改良土壤的目的。其优点是一方面能增加土壤可吸收养分与有机质含量，改善土壤结构，降低蒸发，控制杂草丛生，减少水、土、肥流失与土湿的日变幅，又利于园林植物根系生长；另一方面，是在增加绿化量的同时避免地表裸露，防止尘土飞扬，丰富园林景观。这类地被植物的一般要求是适应性强，有一定的耐阴、耐践踏能力，根系有一定的固氮力，枯枝落叶易于腐熟分解，覆盖面大，繁殖容易，并有一定的观赏价值。常用的种类有五加、地瓜藤、胡枝子、金银花、常春藤、金丝桃、金丝梅、地锦、络石、扶芳藤、荆条、三叶草、马蹄金、萱草、沿阶草、玉簪、羽扇豆、草木樨、香豌豆等，各地可根据实际情况灵活选用。

2. 动物与微生物改良

利用自然土壤中存在的大量昆虫、原生动物、线虫、菌类等改善土壤的团粒结构、通气状况，促进岩石风化和养分释放，加快动植物残体的分解，有助于土壤的形成和营养物质转化。利用动物改良土壤，一方面要加强土壤中现有有益动物种类的保护，对土壤施肥、农药使用、土壤与水体污染等要严格控制，为动物创造一个良好的生存环境；另一方面，使用生物肥料，如根瘤菌、固氮菌、磷细菌、钾细菌等，这些生物肥料含有多种微生物，它们生命活动的分泌物与代谢产物，既能直接给园林植物提供某些营养元素、激素类物质、各种酶等，促进树木根系的生长，又能改善土壤的理化性能。

（四）疏松剂改良

使用土壤疏松剂，可以改良土壤结构和生物学活性，调节土壤酸碱度，提高土壤肥力。

如国外生产上广泛应用的聚丙烯酰胺，是人工合成的高分子化合物，使用时先把干粉溶于80℃以上的热水，制成2%的母液，再稀释10倍浇灌至5厘米深的土层中，通过其离子链、氢键的吸引使土壤形成团粒结构，从而优化土壤水、肥、气、热的条件，达到改良土壤的目的，其效果可达3年以上。

土壤疏松剂的类型可大致分为有机、无机和高分子三种，其主要功能是蓬松土坡，提高置换容量，促进微生物活动；增加孔隙，协调保水与通气性、透水性；使土壤粒子团粒化。目前，我国大量使用的疏松剂以有机类型为主，如泥炭、锯末粉、谷糠、腐叶土、腐殖土、家畜厩肥等，这些材料来源广泛，价格便宜，效果较好，使用时要先发酵腐熟，并与土壤混合均匀。

（五）培土（压土与掺沙）

这种改良的方法在我国南北各地区普遍采用，具有增厚土层、保护根系、增加营养、改良土壤结构等作用。在高温多雨、土壤流失严重的地区或土层薄的地区可以采用培土措施，以促进植物健壮生长。

北方寒冷地区培土一般在晚秋初冬进行，可起保温防冻、积雪保墒的作用。压土掺沙后，土壤经熟化、沉实，有利于园林植物的生长。

培土时应根据土质确定培土基质类型，如土质黏重的应培含沙质较多的疏松肥土甚至河沙；含沙质较多的可培塘泥、河泥等较熟重的肥土和腐殖土。培土量和厚度要适宜，过薄起不到压土作用，过厚对植物生长不利。沙压黏或黏压沙时要薄一些，一般厚度为5—10厘米，压半风化石块可厚些，但不要超过15厘米。如连续多年压土，土层过厚会抑制根系呼吸，而影响植物生长和发育。有时为了防止接穗生根或对根系的不良影响，可适当扒土露出根茎。

（六）管理措施改良

1.松土透气、控制杂草

松土、除草可以切断土壤表层的毛细管，减少土壤蒸发，防止土壤泛碱，改善土壤通气状况，促进土壤微生物活动和难溶养分的分解，提高土壤肥力。早春松土，可以提高土温，有利于根系生长；清除杂草也可以减少病虫害。

松土、除草的时间，应在天气晴朗或者初晴之后土壤不过干又不过湿时进行，才可获得最大的保墒效果。

2. 地面覆盖与地被植物

利用有机物或活的植物体覆盖地面，可以减少水分蒸发，减少地表径流，减少杂草生长，增加土壤有机质，调节土壤温度，为园林植物生长创造良好的环境。若在生长季覆盖，以后把覆盖物翻入土中，可增加土壤有机质，改善土壤结构，提高土壤肥力。覆盖的材料以就地取材、经济实用为原则，如杂草、谷草、树叶、泥炭等均可，也可以修剪草坪的碎草用以覆盖。覆盖时间选在生长季节温度较高而较干旱时进行较好，覆盖的厚度以3—6厘米为宜，鲜草约5—6厘米，过厚会有不利的影响。

除地面覆盖外，还可以用一、二年生或多年生的地被植物如绿豆、黑豆、苜蓿、苕子、猪屎豆、紫云英、豌豆、草木樨、羽扇豆等改良土壤。对这类植物的要求是适应性强、有一定的耐阴力、覆盖作用好、繁殖容易、与杂草竞争的能力强，但与园林植物的矛盾不大，同时还要有一定的观赏或经济价值。这些植物除有覆盖作用之外，在开花期翻入土内，可以增加土壤有机质，也起到施肥的作用。

（七）客土栽培

所谓客土栽培，就是将其他地方土质好、比较肥沃的土壤运到本地来，代替当地土壤，然后再进行栽植的土壤改良方式。此法改良效果较好，但成本高，不利于广泛应用。客土应选择土质好、运送方便、成本低，不破坏或不影响基本农田的土壤，有时为了节约成本，可以只对熟土层进行客土栽植，或者采用局部客土的方式，如只在栽植坑内使用客土。客土也可以与施有机肥等土壤改良措施结合应用。

园林植物在遇到以下情况时需要进行客土栽植：

1. 有些植物正常生长需要的土壤有一定酸碱度，而本地土壤又不符合要求，这时要对土壤进行处理和改良。例如在北方栽植杜鹃、山茶等酸性土植物，应将栽植区全换成酸性土。如果无法实现全换土，至少也要加大种植坑，倒入山泥、草炭土、腐叶土等并混入有机肥料，以符合对酸性土的要求。

2. 栽植地的土壤无法适宜园林植物生长的，如坚土、重黏土、沙砾土及被有毒的工业废物污染的土壤等，或在清除建筑垃圾后仍不适宜栽植的土壤，应增大栽植面，全部或部分换入肥沃的土壤。

第三节　园林植物的灌排水管理

水分是植物的基本组成部分，植物体质量的 40%—80% 是由水分组成的，植物体内的一切生命活动都是在水的参与下进行的。只有水分供应适宜，园林植物才能充分发挥其观赏效果和绿化功能。

一、园林植物科学水分管理的意义

（一）做好水分管理

做好水分管理是园林植物健康生长和正常发挥功能与观赏特性的保障植株缺乏水分时，轻者会植株萎蔫，叶色暗淡，新芽、幼苗、幼花干尖或早期脱落；重者新梢停止生长，枝叶发黄变枯、落叶，甚至整株干枯死亡。水分过多时会造成植株徒长，引起倒伏，抑制花芽分化，延迟开花期，易出现烂花、落蕾、落果现象，甚至引起烂根。

（二）做好水分管理，能改善园林植物的生长环境

水分不但对园林绿地的土壤和气候环境有良好的调节作用，而且还与园林植物病虫害的发生密切相关。如在高温季节进行喷灌可降低土温，提高空气湿度，调节气温，避免强光、高温对植物的伤害；干旱时土壤洒水，可以改善土壤微生物生活环境，促进土壤有机质的分解。

（三）做好水分管理，可节约水资源，降低养护成本

我国是缺水国家，水资源十分有限，而目前的绿化用水大多为自来水，与生产、生活用水的矛盾十分突出。因此，制订科学合理的园林植物水分管理方案、实施先进的灌排技术，确保园林植物对水分需求的同时减少水资源的损失浪费，降低养护管理成本，是我国现阶段城市园林管理的客观需要和必然选择。

二、园林植物的需水特性

了解园林植物的需水特性，是制订科学的水分管理方案、合理安排灌排水工作、适时适量满足园林植物水分需求、确保园林植物健康生长的重要依据。园林植物需水特性主要与以下因素有关：

（一）园林植物种类

不同的园林植物种类、品种对水分需求有较大的差异，应区别对待。一般来说，生长速度快，生长期长，花、果、叶量大的种类需水量较大；反之，需水量较小。因此，通常乔木比灌木，常绿树比落叶树，阳性植物比阴性植物，浅根性植物比深根性植物，中生、湿生植物比旱生植物需要较多的水分。需注意的是，需水量大的种类不一定需常湿，需水量小的也不一定可常干，而且耐旱力与耐湿力并不完全呈负相关关系。如抗旱能力比较强的紫槐，其耐水湿能力也很强。刺槐同样耐旱，却不耐水湿。

（二）园林植物的生长发育阶段

就园林植物的生命周期而言，种子萌发时需水量较大；幼苗期由于根系弱小而分布较浅，抗旱力差，虽然植株个体较小，总需水量不大，但也必须经常保持土壤适度湿润；随着逐渐长大，植株总需水量有所增加，对水分的适应能力也有所增强。

在年生长周期中，生长季的需水量大于休眠期。秋冬季大多数园林植物处于休眠或半休眠状态，即使常绿树种生长也极为缓慢，此时应少浇或不浇水，以防烂根；春季园林植物大量抽枝展叶，需水量逐渐增大；夏季是园林植物需水高峰期，都应根据降水情况及时灌、排水。在生长过程中，许多园林植物都有一个对水分需求特别敏感的时期，即需水临界期，此时如果缺水，将严重影响植物枝梢生长和花的发育，以后即使供给更多的水分也难以补偿。需水临界期因气候及植物种类不同而不同，一般来说，呼吸、蒸腾作用最旺盛时期以及观果类果实迅速生长期都要求有充足的水分。由于相对干旱会促使植物枝条停止伸长生长，使营养物质向花芽转移，因而在栽培上常采用减水、断水等措施来促进花芽分化。如梅花、碧桃、榆叶梅、紫荆等花园木，在营养生长期即将结束时适当浇水，少浇或停浇几次水，能提早和促进花芽的形成和发育，从而达到开花繁茂的观赏效果。

（三）园林植物栽植年限

刚刚栽植的园林植物，根系损伤大，吸收功能减弱，根系在短期内难与土壤密切接触，常需要多次反复灌水才可能成活。如果是常绿树种，有时还需对枝叶喷雾。待栽植一定年限后进入正常生长阶段，地上部分与地下部分间建立了新的平衡，需水的迫切性会逐渐下降，此时不必经常灌水。

（四）园林植物观赏特性

因受水源、灌溉设施、人力、财力等因素限制，实际园林植物管理中常难以对所有植物进行同等的灌溉，而要根据园林植物的观赏特性来确定灌溉的侧重点。一般需水的优先对象是观花植物、草坪、珍贵树种、孤植树、古树、大树等观赏价值高的树木以及新栽植物。

（五）环境条件

生长在不同气候、地形、土壤等条件下的园林植物，其需水状况也有较大差异。在气温高、日照强、空气干燥、风大的地区，叶面蒸腾和植株间蒸发均会加强，园林植物的需水量就大，反之则小。另外，土壤的质地、结构与灌水也密切相关。如沙土，保水性较差，应"小水勤浇"；较黏重土壤保水力强，灌溉次数和灌水量均应适当减少。栽植在铺装地面或游人践踏严重区域的植物，应给予经常性的地上喷雾，以补充土壤水分的不足。

（六）管理技术措施

管理技术措施对园林植物的需水情况有较大影响。一般来说，经过合理的深翻、中耕，并经常施用有机肥料的土壤，其结构性能好，蓄水保墒能力强，土壤水分的有效性高，能及时满足园林植物对水分的需求，因而灌水量较小。

栽培养护工作过程中，灌水应与其他技术措施密切结合，以便于在相互影响下更好地发挥每个措施的积极作用，如灌溉与施肥、除草、培土、覆盖等管理措施相结合，既可保墒，减少土壤水分的消耗，满足植物水分的需求，还可减少灌水次数。

三、园林植物的灌水

（一）灌溉水的水源类型

灌溉水质量的好坏直接影响园林植物的生长，雨水、河水、湖水、自来水、井水及泉水等都可作为灌溉水源。这些水中的可溶性物质、悬浮物质以及水温等各有不同，对园林植物生长的影响也不同。如雨水中含有较多的二氧化碳、氨和硝酸，自来水中含有氯，这些物质不利于植物生长；而井水和泉水的温度较低，直接灌溉会伤害植物根系，最好在蓄水池中经短期增温充气后利用。总之，园林植物灌溉用水不能含有过多的对植物生长有害的有机、无机盐类和有毒元素及其化合物，水温要与气温或地温接近。

（二）灌水的时期

园林植物除定植时要浇大量的定根水外，其灌水时期大体分为休眠期灌水和生长期灌水两种。具体灌水时间由一年中各个物候期植物对水分的要求、气候特点和土壤水分的变化规律等决定。

1.生长期灌水

园林植物的生长期灌水可分为花前灌水、花后灌水和花芽分化期灌水三个时期。

（1）花前灌水。可在萌芽后结合花前追肥进行，具体时间因地、因植物种类异。

（2）花后灌水。多数园林植物在花谢后半个月左右进入新的迅速生长期，此时如果水分不足，新梢生长将会受到抑制，一些观果类植物此时如果缺水则易引起大量落果，影响以后的观赏效果。夏季是植物的生长旺盛期，此期形成大量的干物质，应根据土壤状况及时灌水。

（3）花芽分化期灌水。园林植物一般是在新梢生长缓慢或停止生长时，开始花芽分化，此时也是果实的迅速生长期，都需要较多的水分和养分。若水分供应不足，则会影响果实生长和花芽分化。因此，在新梢停止生长前要及时而适量地灌水，可促进春梢生长而抑制秋梢生长，也有利于花芽分化和果实发育。

2.休眠期灌水

在冬春严寒干旱、降水量比较少的地区，休眠期灌水非常必要。秋末或冬初的灌水一般称为灌"封冻水"，这次灌水是非常必要的，因为冬季水结冻、放出潜热有利于提高植物的越冬能力和防止早春干旱。对于一些引种或越冬困难的植物以及幼年树木等，灌封冻水更为必要。而早春灌水，不但有利于新梢和叶片的生长，还有利于开花与坐果，同时还可促使园林植物健壮生长，是花繁果茂的关键。

3. 灌水时间的注意事项

在夏季高温时期，灌水最佳时间是在早晚，这样可以避免水温与土温及气温的温差过大，减少对植物根系的刺激，有利于植物根系的生长。冬季则相反，灌水最好于中午前后进行，这样可使水温与地温温差减小，减少对根系的刺激，也有利于地温的恢复。

（三）灌水量

灌水量受植物种类、品种、砧木、土质、气候条件、植株大小、生长状况等因素的影响。一般而言，耐干旱的植物洒水量少些，如松柏类；喜湿润的植物洒水量要多些，如水杉、山茶、水松等；含盐量较多的盐碱地，每次洒水量不宜过多，灌水浸润土壤深度不能与地下水位相接，以防返碱和返盐；保水保肥力差的土壤也不宜大水灌溉，以免造成营养物质流失，使土壤逐渐贫瘠。

在有条件灌溉时，切忌表土打湿而底土仍然干燥，如土壤条件允许，应灌饱灌足。如已成年大乔木，应灌水令其渗透到80—100厘米深处。洒水量一般以达到土壤最大持水量的60%—80%为适宜标准。园林植物灌水量的确定可以借鉴目前果园灌水量的计算方法，根据土壤的持水量、灌溉前的土壤湿度、土壤容重、要求土壤浸湿的深度，计算出一定面积的灌水量，即：

灌水量＝灌溉面积×要求土壤浸湿深度×土壤容重×（田间持水量－灌溉前土壤湿度），灌溉前的土壤湿度，每次灌水前均需测定，田间持水量、土壤容重、土壤浸湿深度等项，可数年测定一次。为了更符合灌水时的实际情况，用此公式计算出的灌水量，可根据具体的植物种类、生长周期、物候期以及日照、温度、干旱持续的长短等因素进行或增或减的调整。

（四）灌水方法和灌水顺序

正确的灌水方法可有利于使水分分布均匀，节约用水，减少土壤冲刷，保持土壤的良好结构，并充分发挥灌水效果。随着科学技术的发展，灌水方法不断改进，正朝着机械化、自动化方向发展，使灌水效率和灌水效果均大幅度提高。

四、园林植物的排水

园林植物的排水是防涝的主要措施。其目的是减少土壤中多余的水分以增加土壤中空气的含量，促进土壤空气与大气的交流，提高土壤温度，激发好气性微生物的活动，加快有机物质的分解，改善植物的营养状况，使土壤的理化性状得到改善。

排水不良的土壤经常发生水分过多而缺乏空气，迫使植物根系进行无氧呼吸并积累乙醇造成蛋白质凝固，引起根系生长衰弱以致死亡；土壤通气不良会造成嫌气微生物活动促使反硝化作用发生，从而降低土壤肥力；而有些土壤，如黏土中，在大量施用硫酸铵等化肥或未腐熟的有机肥后，若遇土壤排水不良，这些肥料将进行无氧分解，从而产生大量的一氧化碳、甲烷、硫化氢等还原性物质，严重影响植物地下部分与地上部分的生长发育。因此排水与灌水同等重要，特别是对耐水力差的园林植物更应及时排水。

（一）需要排水的情况

在园林植物遇到下列情况之一时，需要进行排水：

1.园林植物生长在低洼地区，当降雨强度大时汇集大量地表径流而又不能及时渗透，形成季节性涝湿地。

2.土壤结构不良，渗水性差，特别是有坚实不透水层的土壤，水分下渗困难，形成过高的假地下水位。

3.园林绿地临近江河湖海，地下水位高或雨季易遭淹没，形成周期性的土壤过湿。

4.平原或山地城市，在洪水季节有可能因排水不畅，形成大量积水。

5.在一些盐碱地区，土壤下层含盐量高，不及时排水洗盐，盐分会随水位的上升而到达表层，造成土壤次生盐渍化，很不利植物生长。

（二）排水方法

园林植物的排水是一项专业性基础工程，在园林规划和土建施工时应统筹安排，建好畅通的排水系统。园林植物的排水常见有以下几种。

1.明沟排水

在园林规划及土建施工时就应统筹安排，明沟排水是在园林绿地的地面纵横开挖浅沟，使绿地内外联通，以便及时排除积水。这是园林绿地常用的排水方法，关键在于做好全园排水系统。操作要点是先开挖主排水沟、支排水沟、小排水沟等，在绿地内组成一个完整的排水系统，然后在地势最低处设置总排水沟。这种排水系统的布局多与道路走向一致，各级排水沟的走向最好相互垂直，但在两沟相交处最好成锐角（45°—60°）相交，以利于排水流畅，防止相交处沟道阻塞。

此排水方法适用于大雨后抢排积水，地势高低不平不易出现地表径流的绿地排水视水情而定，沟底坡度一般以0.2%—0.5%为宜。

2.暗沟排水

暗沟排水是在地下埋设管道形成地下排水系统，将低洼处的积水引出，使地下水降到园林植物所要求的深度。暗沟排水系统与明沟排水系统基本相同，也有干管、支管和排水管之别。暗沟排水的管道多由塑料管、混凝土管或瓦管做成。建设时，各级管道需按水力学要求的指标组合施工，以确保水流畅通，防止淤塞。

此排水方法的优点是不占地面，节约用地，并可保持地势整齐、便利交通，但造价较高，一般配合明沟排水应用。

3. 滤水层排水

滤水层排水实际就是一种地下排水方法，一般用于栽植在低洼积水地以及透水性极差的土地上的植物，或是针对一些极不耐水的植物在栽植之初就采取的排水措施。其做法是在植物生长的土壤下层填埋一定深度的煤渣、碎石等透水材料，形成滤水层，并在周围设置排水孔，遇积水就能及时排除。这种排水方法只能小范围使用，起到局部排水的作用。如屋顶花园、广场或庭院中的种植地或种植箱，以及地下商场、地下停车场等的地上部分的绿化排水等，都可采用这种排水方法。

4. 地面排水

地面排水又称地表径流排水，就是将栽植地面整成一定的坡度（一般在 0.1%—0.3%，不要留下坑洼死角），保证多余的雨水能从绿地顺畅地通过道路、广场等地面集中到排水沟排走，从而避免绿地内植物遭受水淹。这种排水方法既节省费用又不留痕迹，是目前园林绿地使用最广泛、最经济的一种排水方法。不过这种排水方法需要在场地建设之初，经过设计者精心设计安排，才能达到预期效果。

第四节　园林植物的养分管理

一、施肥的意义和作用

养分是园林植物生长的物质基础，养分管理是通过合理施肥来改善与调节园林植物营养状况的管理工作。

园林植物多为生长期和寿命较长的乔灌木，生长发育需要大量养分。而且园林植物多年长期生长在同一个地方，根系所达范围内的土壤中所含的营养元素（如氮，磷、钾以及一些微量元素）是有限的，吸收时间长了，土壤的养分就会减低，不能满足植株继续生长的需要。尤其是植株根系会选择性吸收一些营养元素，更会造成土壤中这类营养元素的缺乏。此外，城市园林绿地中的土壤常经严重的践踏，土壤密实度大，密封度高，水气矛盾增加，会大大降低土壤养分的有效构成。同时由于园林植物的枯枝落叶常被清理掉，导致营养物质循环的中断，易造成养分的贫乏。如果植株生长所需营养不能及时得到补充，势必造成营养不良，轻则影响植株正常生长发育，出现黄叶、焦叶、生长缓慢、枯枝等现象，严重时甚至衰弱死亡。因此。要想确保园林植物长期健康生长，只有通过合理施肥，增强植物的抗逆性，延缓衰老，才能达到枝繁叶茂的最佳观赏目的。这种人工补充养分或提高土壤肥力，以满足园林植物正常生活需要的措施，称为"施肥"。通过施肥，不但可以供给园林植物生长所必需的养分，而且还可以改良土壤理化性质，特别是施用有机肥料，可以提高土壤温度，改善土壤结构，使土壤疏松并提高透水、通气和保水能力，有利于植物的根系生长；同时还为土壤微生物的繁殖与活动创造有利条件，进而促进肥料分解，有利于植物生长。

二、园林植物的营养诊断

园林植物的营养诊断是指导施肥的理论基础，是将植物矿物质营养原理运用到施肥管理中的一个关键环节。根据营养诊断结果进行施肥，是园林植物科学化养护管理的一个重要标志，它能使园林植物施肥管理达到合理化、指标化和规范化。

（一）造成园林植物营养贫乏症的原因

引起园林植物营养贫乏症的具体原因很多，主要包括以下几点：

1. 土壤营养元素缺乏

这是引起营养贫乏症的主要原因。但某种营养元素缺乏到什么程度会发生营养贫乏症是一个复杂的问题，因为不同植物种类，即使同种的不同品种、不同生长期或不同气候条件都会有不同表现，所以不能一概而论。理论上说，每种植物都有对某种营养元素要求的最低限位。

2. 土壤酸碱度不合适

土壤 pH 值影响营养元素的溶解度，即有效性。有些元素在酸性条件下易溶解，有效性高，如铁、硼、锌、铜等，其有效性随 pH 值降低而迅速增加；另一些元素则相反，当土壤 pH 值升高至偏碱性时，其有效性增加，如钼等。

3. 营养成分的平衡

植物体内的各营养元素含量保持相对的平衡是保持植物体内正常代谢的基本要求，否则会导致代谢紊乱，出现生理障碍。一种营养元素如果过量存在常会抑制植物对另一种营养元素的吸收与利用。这种现象在营养元素间是普遍存在的，当其作用比较强烈时就会导致植物营养贫乏症的发生。生产中较常见的有磷—锌、磷—铁、钾—镁、氮—钾、氮—硼、铁—锰等。因此在施肥时需要注意肥料间的选择搭配，避免某种元素过多而影响其他元素的吸收与利用。

4. 土壤理化性质不良

如果园林植物因土壤坚实、底层有隔水层，地下水位太高或盆栽容器太小等原因限制根系的生长，会引发甚至加剧园林植物营养贫乏症的发生。

5. 其他因素

其他能引起营养贫乏症的因素有低温、水分、光照等。低温一方面可减缓土壤养分的转化，另一方面也削弱植物根系对养分的吸收能力，所以低温容易促进营养缺乏症的发生。雨量多少对营养缺乏症的发生也有明显的影响，主要表现为土壤过旱或过湿而影响营养元素的释放、流失及固定等，如干旱促进缺硼、钾及磷症，多雨容易促发缺镁症等。光照也影响营养元素吸收，光照不足对营养元素吸收的影响以磷最严重，因而在多雨少光照而寒冷的大气条件下，植物最易缺磷。

（二）园林植物营养诊断的方法

园林植物营养诊断的方法包括土壤分析、叶样分析、形态诊断等。其中，形态诊断是行之有效且常用的方法，它是通过根据园林植物在生长发育过程中缺少某种元素时，其形态上表现出的特定的症状来判断该植物所缺元素的种类和程度，此法简单易行、快速，在生产实践中很有实用价值。

1.形态诊断法

植物缺乏某种元素，在形态上会表现某一症状，根据不同的症状可以诊断植物缺少哪一种元素。工作人员采用该方法要有丰富的经验积累，才能准确判断。该诊断法的缺点是滞后性，即只有植物表现出症状才能判断，不能提前发现。

2.综合诊断法

植物的生长发育状况一方面取决于某一养分的含量，另一方面还与该养分与其他养分之间的平衡程度有关。综合诊断法是按植物产量或生长量的高低分为高产组和低产组，分析各组叶片所含营养物质的种类和数量，计算出各组内养分浓度的比值，然后用高产组所有参数中与低产组有显著差别的参数作为诊断指标，再用与被测植物叶片中养分浓度的比值与标准指标的偏差值评价养分的供求状况。

该方法可对多种元素同时进行诊断，而且从养分平衡的角度进行诊断，符合植物营养的实际，该方法诊断比较准确，但不足之处是需要专业人员的分析、统计和计算，应用受到限制。

三、园林植物合理施肥的原则

（一）根据园林植物在不同物候期内需肥的特性

一年内园林植物要历经不同的物候期，如根系活动、萌芽、抽梢、长叶、休眠等。在不同物候期园林植物的生长重心是不同的，相应的所需营养元素也不同，园林植物体内营养物质的分配，也是以当时的生长重心为重心的。因此在每个物候期即将来临之前，及时施入当时生长所需要的营养元素，才能使植物正常生长发育。

在一年的生长周期内，早春和秋末是根系的生长旺盛期，需要吸收一定数量的磷，根系才能发达，伸入深层土壤。随着植物生长旺盛期的到来需肥量逐渐增加，生长旺盛期以前或以后需肥量相对较少，在休眠期甚至不需要施肥。在抽梢展叶的营养生长阶段，对氮元素的需求量大。开花期与结果期，需要吸收大量的磷、钾肥及其他微量元素，植物开花才能鲜艳夺目，果实充分发育。总的来说，根据园林植物物候期差异，具体施肥有萌芽肥、抽梢肥、花前肥、壮花稳果肥以及花后肥等。

就园林植物的生命周期而言，一般幼年期，尤其是幼年的针叶类树种生长需要大量的氮肥，到成年阶段对氮元素的需要量减少；对处于开花、结果高峰期的园林植物，要多施些磷钾肥；对古树、大树等树龄较长的要供给更多的微量元素，以增强其对不良环境因素的抵抗力。园林植物的根系往往先于地上部分开始活动，早春土壤温度较低时，在地上部分萌发之前，根系就已进入生长期，因此早春施肥应在根系开始生长之前进行，才能满足此时的营养物质分配重心，使根系向纵深方向生长。故冬季施有机基肥，对根系来年的生长极为有利；而早春施速效性肥料时，不应过早施用，以免养分在根系吸收利用之前流失。

（二）园林植物种类不同，需肥期各异

园林绿地中栽植的植物种类很多，各种植物对营养元素的种类要求和施用时期各不相同，而观赏特性和园林用途也影响其施肥种类、施肥时间等。一般而言，观叶、赏形类园林植物需要较多的氮肥，而观花、观果类对磷、钾肥的需求量较大。如孤赏树、行道树、庭荫树等高大乔木类，为了使其春季抽梢发叶迅速，增大体量，常在冬季落叶后至春季萌芽前期间施用农家肥、饼肥、堆肥等有机肥料，使其充分熟化分解成宜吸收利用的状态，供春季生长时利用，这对于属于前期生长型的树木，如白皮松、黑松、银杏等特别重要。休眠期施基肥，对于柳树、国槐、刺槐、悬铃木等全期生长型的树木的春季抽枝展叶也有重要作用。

对于早春开花的乔灌木，如玉兰、碧桃、紫荆、榆叶梅、连翘等，休眠期施肥对开花也具有重要的作用。这类植物开花后及时施入以氮为主的肥料可有利于其枝叶形成，为来年开花结果打下基础。在其枝叶生长缓慢的花芽形成期，则施入以磷为主的肥料。总之，以观花为主的园林植物在花前和花后应施肥，以达到最佳的观赏效果。

对于在一年中可多次抽梢、多次开花的园林植物，如珍珠梅、月季等，每次开花后应及时补充营养，才能使其不断抽枝和开花，避免因营养消耗太大而早衰。这类植物一年内应多次施肥，花后施入以氮为主的肥料，既能促生新梢，又能促花芽形成和开花。若只施氮肥容易导致枝叶徒长而梢项不易开花的情况出现。

（三）根据园林植物吸收养分与外界环境的相互关系

园林植物吸收养分不仅取决于其生物学特性，还受外界环境条件如光、热、气、水、土壤溶液浓度等的影响。

在光照充足、温度适宜、光合作用强时，植物根系吸肥量就多；如果光合作用减弱，由叶输导到根系的合成物质减少了，则植物从土壤中吸收营养元素的速度也会变慢。同样当土壤通气不良或温度不适宜时，就会影响根系的吸收功能，也会发生类似上述的营养缺乏现象。土壤水分含量与肥效的发挥有着密切的关系。土壤干旱时施肥，由于不能及时稀释导致营养浓度过高，植物不能吸收利用反遭毒害，所以此时施肥有害无利。而在有积水或多雨时施肥，肥分易淋失，会降低肥料利用率。因此，施肥时期应根据当地土壤水分变化规律、降水情况或结合灌水进行合理安排。

另外，园林植物对肥料的吸收利用还受土壤的酸碱反应的影响。当土壤呈酸性反应时，有利于阴离子的吸收（如硝态氮）；当呈碱性反应时，则有利于阳离子的吸收（如铵态氮）。除了对营养吸收有直接影响外，土壤的酸碱反应还能影响某些物质的溶解度，如在酸性条件下。能提高磷酸钙和磷酸镁的溶解度；而在碱性条件下，则降低铁、硼和铝等化合物的溶解度，从而也间接地影响植物对这些营养物质的吸收。

（四）根据肥料的性质施肥

施用的肥料的性质不同，施肥的时期也有所不同。一些容易淋失和挥发的速效性肥或施用后易被土壤固定的肥料，如碳酸氢铵、过磷酸钙等，为了获得最佳施肥效果，适宜在植物需肥期稍前；而一些迟效性肥料如堆肥、厩肥、圈肥、饼肥等有机肥料，因需腐烂分解、矿质化后才能被吸收利用，故应提前施用。

同一肥料因施用时期不同会有不同的效果。如氮肥或以含氮为主的肥料，由于能促进细胞分裂和延长，促进枝叶生长，并利于叶绿素的形成，故应在春季植物展叶、抽梢、扩大冠幅之际大量施入；秋季为了使园林植物能按时结束生长，应及早停施氮肥，增施磷钾肥，有利于新生枝条的老化，准备安全越冬。再如磷钾肥，由于有利于园林植物的根系和花果的生长，故在早春根系开始活动至春夏之交，园林植物由营养生长转向生殖生长阶段应多施入，以保证园林植物根系、花果的正常生长和增加开花量，提高观赏效果。同时磷钾肥还能增强枝干的坚实度，提高植物抗寒、抗病的能力，因此在园林植物生长后期（主要是秋季）应多施以提高园林植物的越冬能力。

四、园林植物的施肥时期

在园林植物的生产与管理中，施肥一般可分基肥和追肥。施用的要点是基肥施用的时期要早，而追肥施用得要巧。

（一）基肥

基肥是在较长时期内供给园林植物养分的基本肥料，主要是一些迟效性肥料，如堆肥、厩肥、圈肥、鱼肥、血肥以及农作物的秸秆、树枝、落叶等，使其逐渐分解，提供大量元素和微量元素供植物在较长时间内吸收利用。

园林植物早春萌芽、开花和生长，主要是消耗体内储存的养分。如果植物体内储存的养分丰富，可提高开花质量和坐果率，也有利于枝繁叶茂、增加观赏效果。园林植物落叶前是积累有机养分的重要时期，这时根系吸收强度虽小，但是持续时间较长，地上部制造的有机养分主要用于储藏。为了提高园林植物的营养水平，我国北方一些地区，多在秋分前后施入基肥，但时间宜早不宜晚，尤其是对观花、观果及从南方引种的植物更应早施，如施得过迟，会使植物生长停止时间推迟，降低植物的抗寒能力。

秋施基肥正值根系秋季生长高峰期，由施肥造成的伤根容易愈合并可发出新根。如果结合施基肥能再施入部分速效性化肥，可以增加植物体内养分积累，为来年生长和发芽打好物质基础。秋施基肥，由于有机质有充分的时间腐烂分解，可提高矿质化程度，来春可及时供给植物吸收和利用。另外增施有机肥还可提高土壤孔隙度，使土壤疏松，有利于土壤积雪保墒，防止冬春土壤干旱，并可提高地温，减少根际冻害的发生。

春施基肥，因有机物没有充分时间腐烂分解，肥效发挥较慢，在早春不能及时供给植物根系吸收，而到生长后期肥效才发挥作用，往往会造成新梢二次生长，对植物生长发育不利。特别是不利于某些观花、观果类植物的花芽分化及果实发育。因此，若非特殊情况（如由于劳动力不足秋季来不及施），最好在秋季施用有机肥。

（二）追肥

追肥又叫补肥，根据植物各生长期的需肥特点及时追肥，以调解植物生长和发育的矛盾。在生产上，追肥的施用时期常分为前期追肥和后期追肥。前期追肥又分为花前追肥、花后追肥和花芽分化期追肥。具体追肥时期与地区、植物种类、品种等因素有关，并要根据各物候期特点进行追肥。对观花、观果植物而言，花后追肥与花芽分化期追肥比较重要，而对于牡丹、珍珠梅等开花较晚的花木，这两次肥可合为一次。由于花前追肥和后期追肥常与基肥施用时期相隔较近，条件不允许时也可以不施，但对于花期较晚的花木类如牡丹等开花前必须保证追肥一次。

五、肥料的用量

园林植物施肥量包括肥料中各种营养元素的比例和施肥次数等数量指标。

（一）影响施肥量的因素

园林植物的施肥量受多种因素的影响，如植物种类，树种习性、树体大小、植物年龄、土壤肥力、肥料的种类、施肥时间与方法以及各个物候期需肥情况等，因此难以制定统一的施肥量标准。

在生产与管理过程中，施肥量过多或不足，对园林植物生长发育均有不良影响。据报道，植物吸肥量在一定范围内随施肥量的增加而增加，超过一定范围，随着施肥量的增加而吸收量下降。施肥过多植物不能吸收，既造成肥料的浪费，又可能使植物遭受肥害；而施肥量不足则达不到施肥的目的。因此，园林植物的施肥量既要满足植物需求，又要以经济用肥为原则。以下情况可以作为确定施肥量的参考。

1.不同的植物种类施肥量不同。不同的园林植物对养分的需求量是不一样的，如梧桐、梅花、桃、牡丹等植物喜肥沃土壤，需肥量比较大；而沙棘、刺槐、悬铃木、火棘、臭椿、荆条等则耐瘠薄的土壤，需肥量相对较少。开花、结果多的应较开花结果少的多施肥，长势衰弱的应较生长势过旺或徒长的多施肥。不同的植物种类施用的肥料种类也不同，如以生产果实或油料为主的应增施磷钾肥。一些喜酸性的花木，如杜鹃、山茶、栀子花、八仙花（绣球花）等，应施用酸性肥料，而不能施用石灰、草木灰等碱性肥料。

2. 根据对叶片的营养分析确定施肥量。植物的叶片所含的营养元素量可反映植物体的营养状况，所以近 20 年来，广泛应用叶片营养分析法来确定园林植物的施肥量。用此法不仅能查出肉眼见得到的缺素症状，还能分析出多种营养元素的不足或过剩，以及能分辨两种不同元素引起的相似症状，而且能在病症出现前及早测知。

另外，在施肥前还可以通过土壤分析来确定施肥量，此法更为科学和可靠。但此法易受设备、仪器等条件的限制，以及由于植物种类、生长期不同等因素影响，所以比较适合用于大面积栽培的植物种类比较集中的生产与管理。

（二）施肥量的计算

关于施肥量的标准有许多不同的观点。在我国一些地方，有以园林树木每厘米胸径 0.5 公斤的标准作为计算施肥量依据的。但就同一种园林植物而言，化学肥料、追肥、根外施肥的施肥浓度一般应分别较有机肥料、基肥和土壤施肥要低些，而且要求也更严格。一般情况下，化学肥料的施用浓度一般不宜超过 1%—3%，而叶面施肥多为 0.1%—0.3%，一些微量元素的施肥浓度应更低。

随着电子技术的发展，对施肥量的计算也越来越科学与精确。目前园林植物施肥量的计算方法常参考果树生产与管理上所用的计算方法。通过下面的公式能精确地计算施肥量，但前提是先要测定出园林植物各器官每年从土壤中吸收各营养元素的肥量，减去土壤中能供给的量，同时还要考虑肥料的损失。

施肥量 =（园林植物吸收肥料元素量 – 土壤供给量）/ 肥料利用率

此计算方法需要利用计算机和电子仪器等先测出一系列精确数据，然后再计算施肥量，由于设备条件的限制和在生产管理中的实用性与方便性等原因，目前在我国的园林植物管理中还没有得到广泛应用。

六、施肥的方法

根据施肥部位的不同，园林植物的施肥方法主要有土壤施肥和根外施肥两大类。

（一）土壤施肥

土壤施肥就是将肥料直接施入土壤中，然后通过植物根系进行吸收的施肥，它是园林植物主要的施肥方法。

土壤施肥深度由根系分布层的深浅而定，根系分布的深浅又因植物种类而异。施肥时应将肥料施在吸收根集中分布区附近，才能被根系吸收利用，充分发挥肥效，并引导根系向外扩展。从理论上讲，在正常情况下，园林植物的根系多数集中分布在地下 10—60 厘米深范围内，根系的水平分布范围多数与植物的冠幅大小相一致，即主要分布在冠幅外围边缘垂直投影的圆周内，故可在冠幅外围与地面的水平投影处附近挖掘施肥沟或施肥坑。由于许多园林树木常常经过造型修剪，其冠幅大大缩小，导致难以确定施肥范围。在这种情况下，有专家建议，可以将离地面 30 厘米高处的树干直径值扩大 10 倍，以此数据为半径、树干为圆心，在地面画出的圆周边即为吸收根的分布区，该圆周附近处即为施肥范围。

一般比较高大的园林树木类土壤施肥深度应在 20—50 厘米左右，草本和小灌木类相应要浅一些。事实上，影响施肥深度的因素有很多，如植物种类、树龄、水分状况、土壤和肥料种类等。一般来说，随着树龄增加，施肥时要逐年加深，并扩大施肥范围，以满足树木根系不断扩大的需要。一些移动性较强的肥料种类（如氮素）由于在土壤中移动性较强，可适当浅施，随灌溉或雨水渗入深层；而移动困难的磷、钾等元素，应深施在吸收根集中分布层内，直接供根系吸收利用，减少土壤的吸附，充分发挥肥效。

目前生产上常见的土壤施肥方法有全面施肥、沟状施肥和穴状施肥等，爆破施肥法也有少量应用。

1. 全面施肥

分洒施与水施两种。洒施是将肥料均匀地洒在园林植物生长的地面，然后再翻入土中，其优点是方法简单、操作方便、肥效均匀，但不足之处是施肥深度较浅，养分流失严重，用肥量大，并易诱导根系上浮而降低根系抗性。此法若与其他施肥方法交替使用则可取长补短，充分发挥肥料的功效。

水施是将肥料随洒水时施入，施入前，一般需要以根基部为圆心，内外30—50厘米处做围堰，以免肥水四处流溢。该法供肥及时，肥效分布均匀，既不伤根系又保护耕作层土壤结构，肥料利用率高，节省劳力，是一种很有效的施肥方法。

2. 沟状施肥

沟状施肥包括环状沟施、放射状沟施和条状沟施，其中环状沟施方法应用较为普遍。环状沟施是指在园林植物冠幅外围稍远处挖环状沟施肥，一般施肥沟宽30—40厘米，深30—60厘米。该法具有操作简便、肥料与植物的吸收根接近便于吸收、节约用肥等优点，但缺点是受肥面积小，易伤水平根，多适用于园林中的孤植树。放射状沟施就是从植物主干周围向周边挖一些放射状沟施肥，该法较环状沟施伤根要少，但施肥部位常受限制。条状沟施是在植株行间或株间开沟施肥，多适用于苗圃施肥或呈行列式栽植的园林植物。

3. 穴状施肥

穴状施肥与沟状施肥方法类似，若将沟状施肥中的施肥沟变为施肥穴或坑就成了穴状施肥。栽植植物时栽植坑内施入基肥，实际上就是穴状施肥。目前穴状施肥已可机械化操作：把配制好的肥料装入特制容器内，依靠空气压缩机通过钢钻直接将肥料送入到土壤中，供植物根系吸收利用。该方法快速省工，对地面破坏小，特别适合有铺装的园林植物的施肥。

4.爆破施肥

爆破施肥就是利用爆破时产生的冲击力将肥料冲散在爆破产生的土壤缝隙中，扩大根系与肥料的接触面积。这种施肥法适用于土层比较坚硬的土壤，优点是施肥的同时还可以疏松土壤。目前在果树的栽培中偶有使用，但在城市园林绿化中应用须谨慎，事前须经公安机关批准，且在离建筑物近、有店铺及人流较多的公共场所不应使用。

(二) 根外施肥

目前生产上常用的根外施肥方法有叶面施肥和枝干施肥两种。

1.叶面施肥

叶面施肥是指将按一定浓度配制好的肥料溶液，用喷雾机械直接喷雾到植物的叶面上，通过叶面气孔和角质层的吸收，再转移运输到植物的各个器官。叶面施肥具有简单易行、用肥量小、吸收见效快，可满足植物急需等优点，避免了营养元素在土壤中的化学或生物固定。该施肥方式在生产上应用较为广泛，如在早春植物根系恢复吸收功能前，在缺水季节或不使用土壤施肥的地方，均可采用此法。同时，该方法也特别适合用于微量元素的施肥以及对树体高大、根系吸收能力衰竭的古树、大树的施肥；对于解决园林植物的单一营养元素的缺素症，也是一种行之有效的方法。但是需要注意的是，叶面施肥并不能完全代替土壤施肥，二者结合使用效果会更好。

叶面施肥的效果受多种因素的影响，如叶龄、叶面结构、肥料性质、气温、湿度、风速等。一般来说，幼叶较老叶吸收速度快，效率高，叶背较叶面气孔多，利于渗透和吸收，因此，应对叶片进行正反两面喷雾，以促进肥料的吸收。肥料种类不同，被叶片吸收的速度也有差异。据报道，硝态氮、氮化镁喷后 15 秒进入叶内，而硫酸镁需 30 秒，氯化镁需 15 分钟，氯化钾需 30 分钟，硝酸钾需 1 小时，铵态氮需 2 小时才进入叶内。另外，喷施时的天气状况也影响吸收效果。试验表明，叶面施肥最适温度为 18—25℃，因而夏季喷施时间最好在上午 10：00 以前和下午 16：00 以后，以免气温高，溶液很快浓缩，影响喷肥效果或导致肥害。此外，在湿度大而无风或微风时喷施效果好，可避免肥液快速蒸发降低肥效或导致肥害。

在实际的生产与管理中，喷施叶面肥的喷液量以叶湿而不滴为宜。叶面施肥液适宜肥料含量为 1%—5%，并尽量喷复合肥，可省时、省工。另外，叶面施肥常与病虫害的防治结合进行，此时配制的药物浓度和肥料浓度比例至关重要。在没有足够把握的情况下，溶液浓度应宁淡勿浓。为保险起见，在大面积喷施前需要做小型试验，确定不引起药害或肥害再大面积喷施。

2.枝干施肥

枝干施肥就是通过植物枝、茎的韧皮部来吸收肥料营养，它吸肥的机理和效果与叶面施肥基本相似。枝干施肥有枝下涂抹、枝干注射等方法。

涂抹法就是先将植物枝干刻伤，然后在刻伤处加上含有营养元素的团体药棉，供枝干慢慢吸收。

注射法是将肥料溶解在水中制成营养液，然后用专门的注射器注入枝干。目前已有专用的枝干注射器，但应用较多的是输液方式。此法的好处是避免将肥料施入土壤中的一系列反应的影响和固定、流失，受环境的影响较小，节省肥料，在植物体急需补充某种元素时用本法效果较好。注射法目前主要用于衰老的古树、大树、珍稀树种、树桩盆景以及大树移栽时的营养供给。

另外美国生产的一种可埋入枝干的长效固体肥料，通过树液湿润药物来缓慢地释放有效成分，供植物吸收利用，有效期可保持 3—5 年，主要用于行道树的缺锌、缺铁、缺锰等营养缺素症的治疗。

第五节　园林植物的其他养护管理

园林植物能否生长良好，并尽快发挥其最佳的观赏效果或生态效益，不仅取决于工作人员是否做好土、水、肥管理，而且取决于能否根据自然环境和人为因素的影响，进行相应的其他养护管理，为不同年龄阶段和不同环境下的园林植物创造适宜的生长环境，使植物体长期维持较好的生长势。因此，为了让园林植物生长良好，充分展现其观赏特性，应根据其生长地的气候条件，做好各种自然灾害的防治工作，对受损植物进行必要的保护和修补，使之能够长久地保持花繁、叶茂、形美的园林景观。同时管理过程中应制定养护管理的技术标准和操作规范，使养护管理做到科学化、规范化。

一、冻害

冻害主要指植物因受低温的伤害而使细胞和组织受伤，甚至死亡的现象。

（一）植物冻害发生的原因

影响植物冻害发生的原因很复杂。从植物本身来说，植物种类、株龄、生长势，当年枝条的长度及休眠与否都与该植物是否受冻有密切关系；从外界环境条件来说，气候、地形、水体、土壤、栽培管理等也可能与植物是否受冻有关。因此当植物发生冻害时，应从多方面分析，找出主要原因，提出有针对性的解决办法。

1.抗冻性与植物种类的关系

不同的植物种类甚至不同的品种，其抗冻能力不一样。如樟子松比柏松抗冻，油松比马尾松抗冻；同是秋后的秋子梨比白梨和沙梨抗冻。又如原产长江流域的梅品种就比广东的黄梅抗寒。

2. 抗冻性与组织器官的关系

同一植物的不同器官，同一枝条的不同组织，对低温的忍耐能力不同。如新梢、根茎、花芽等抗寒能力较弱，叶芽形成层耐寒力强，而髓部抗寒力最弱。抗寒力弱的器官和组织，对低温特别敏感，因此这些组织和器官是防寒管理的重点。

3. 抗冻性与枝条成熟度的关系

枝条的成熟度愈大，其抗冻能力愈强。枝条充分成熟的标志主要是：木质化的程度高，含水量减少，细胞液浓度增加，积累淀粉多。在降温来临之前，如果还不能停止生长且未能进行抗寒锻炼的植株，容易遭受冻害。为此，在秋季管理时要注意适当控肥控水，让植物及时结束生长，促进枝条成熟，增强植株抗冻能力。

4. 抗冻性与枝条休眠的关系

冻害的发生与植物的休眠和抗寒锻炼有关，一般处在休眠状态的植株抗寒力强，植株休眠愈深，抗寒力愈强。植物体的抗寒能力是在秋天和初冬期间逐渐获得的，这个过程称为"抗寒锻炼"，一般植物要通过抗寒锻炼才能获得抗冻能力。到了春季，抗冻能力又逐渐趋于丧失，这一丧失过程称为"锻炼解除"。

植物春季解除休眠的早晚与冻害发生有密切关系。解除休眠早的，受早春低温威胁较大；休眠解除较晚的，可以避开早春低温的威胁。因此，冻害的发生往往不在绝对温度最低的休眠期，而常在秋末或春初时发生。因此，园林植物的越冬能力不仅表现在对低温的抵抗能力，而且还表现在休眠期和解除休眠期后，对综合环境条件的适应能力。

5. 冻害与低温来临时状况的关系

当低温到来的时期早又突然，而植物体本身未经抗寒锻炼，管理者也没有采取防寒措施时，就很容易发生冻害。每日极端最低温度愈低，植物受冻害的程度就越大；低温持续的时间越长，植物受害愈大；降温速度越快，植物受害就越重。此外，植物受低温影响后，如果温度急剧回升，则比缓慢回升受害严重。

6. 引起冻害发生的其他因素

除以上因素外，地势、坡向、植物离水源的远近、栽培管理水平都会影响植物是否受冻或受冻害的程度。

（二）园林植物冻害的表现

园林植物在遭受冻害后，不同的组织和器官往往有不同的表现，这是生产管理中判断植物是否受冻害以及受冻害轻重的重要依据。

1. 花芽

花芽是植物体上抗寒力较弱的器官，花芽冻害多发生在春季回暖时期，腋花芽较顶花芽的抗寒力强。花芽受冻后，内部变褐色，初期从表面上只看到芽鳞松散，不易鉴别，到后期则芽不萌发，干缩枯死。

2. 枝条

枝条的冻害与其成熟度有关。成熟的枝条，在休眠期后形成层最抗寒，皮层次之，而木质部、髓部最不抗寒。随受冻程度加重，髓部、木质部先后变色，严重受冻时韧皮部才受伤，如果形成层受冻变色则枝条就失去了恢复能力，但在生长期则以形成层抗寒力最差。

幼树在秋季因雨水过多徒长，停止生长较晚，枝条生长不充实，易加重冻害。特别是成熟不良的先端对严寒敏感，常首先发生冻害，轻者髓部变色，较重时枝条脱水干缩，严重时枝条可能冻死。

多年生枝条发生冻害，常表现为树皮局部冻伤，受冻部分最初稍变色下陷，不易发现，如果用刀挑开，可发现皮部已变褐；以后逐渐干枯死亡，皮部裂开和脱落。但是如果形成层未受冻，则可逐渐恢复。

3. 枝杈和基角

枝杈或主枝基角部分进入休眠较晚，位置比较隐蔽，输导组织发育不好，通过抗寒锻炼较迟，因此遇到低温或昼夜温差变化较大时，易引起冻害。树杈冻害有多种表现：有的受冻后皮层变褐色，而后干枝凹陷；有的树皮呈块状冻坏；有的顺主干垂直冻裂形成劈枝。主枝与树干的基角愈小枝杈基角冻害也愈严重。这些表现随冻害的程度和树种、品种而有所不同。

4. 主干

主干受冻后有的形成纵裂，一般称为"冻裂"现象，树皮成块状脱离木质部。一般生长过旺的幼树主干易受冻害，这些伤口极易发生腐烂病。

形成冻裂的主要原因是由于气温突然急剧下降到零下，树皮迅速冷却收缩，致使主干组织内外张力不均，导致自外向内开裂或树皮脱离木质部。树干"冻裂"常发生在夜间，随着气温的变暖，冻裂处又可逐渐愈合。

5. 根茎和根系

在一年中根茎停止生长最迟，进入休眠期最晚，而解除休眠和开始活动又较早，因此在温度骤然下降的情况下，根茎未能很好地通过抗寒锻炼，同时近地表处温度变化又剧烈，因而容易引起根茎的冻害。根茎受冻后，树皮先变色，以后干枯，可发生在局部，也可能成环状，根茎冻害对植株危害很大，严重时会导致整株死亡。

根系无休眠期，所以根系较其地上部分耐寒力差。但根系在越冬时活动力会明显减弱。故其耐寒力较生长期略强一些。根系受冻后表现为变褐，皮部易与木质部分离。一般粗根比细根耐寒力强，近地面的粗根由于地温低，较下层根系易受冻；新栽的植株或幼龄植株因根系细小而分布又浅，易受凉害，而大树则抗寒力相当强。

（三）园林植物冻害的防治

我国气候类型比较复杂，园林植物种类繁多，分布范围又广，而且常有寒流侵袭，因此，经常会发生冻害。冻害对园林植物威胁很大，轻者冻死部分枝干，严重时会将整棵大树冻死，植物局部受冻以后，常常引起溃疡性寄生菌寄生的病害，使生长势大大衰弱，从而造成这类病害和冻害的恶性循环。有些植物虽然抗寒力较强，但花期容易受冻害，影响观赏效果。因此，预防冻害对园林植物正常功能的发挥及通过引种丰富园林植物的种类具有重要的意义。为了做好园林植物冻害的预防工作，在园林的生产与管理中需要注意以下几个方面：

1.在园林绿地植物配置时，应该因地制宜，多用乡土植物

在园林绿地的建设中，因地制宜地种植抗寒力强的乡土植物，在小气候条件比较好的地方种植边缘树种，这样可以大大减少越冬防寒的工作量，同时注意栽植防护林和设置风障，改善小气候条件预防和减轻冻害。

2.加强栽培管理，提高抗寒性

加强栽培管理（尤其重视后期管理）有助于植物体内营养物质的储备，提高抗寒能力。在生产管理过程中，春季应加强肥水供应，合理应用排灌和施肥技术，促进新梢生长和叶片增大，提高光合效能，增加植物体内营养物质的积累，保证植株健壮；管理后期要及时控制灌水和排涝，适量施用磷钾肥，勤锄深耕，促使枝条及早结束生长，有利于组织充实，延长营养物质的积累时间，从而能更好地进行抗寒锻炼。

此外，管理过程中结合一些其他管理措施也可以提高植株的抗寒能力，如夏季适期摘心，促进枝条及早成熟；冬季修剪，减少冬季蒸发面积；人工落叶等。同时，在整个生长期必须加强对病虫害的防治，减少病虫害的发生，保证植株健壮也是提高植株抗寒能力的重要措施。

3.加强植物体保护，减少冻害

对植物体保护的方法很多，一般的植物种类可用浇"封冻水"防寒。为了保护容易受凉的种类，可采用一些其他防寒措施，如全株培土、根茎培土（高30—50厘米）、箍树、枝干涂白、主干包草、搭风障、北面培月牙形土埂等；对一些低矮的植物，还可以用搭棚、盖草帘等方法防寒。以

上的防治措施应在冬季低温来临之前完成，以免低温突袭造成冻害。在特别寒冷干旱的地区，也可以在植物的周围堆雪以保持温度恒定，避免寒潮引起大幅降温而使植株受冻，早春也可起到增湿保墒作用。

4. 加强受冻植株的养护管理，促其尽快恢复生长势

植物受冻后根系的吸收、输导，叶的蒸腾、光合作用以及梢株的生长等均遭到破坏，因此受冻后植物的护理对其后期的恢复极为重要。为此，植物受冻后应尽快地采取措施，恢复其输导系统，治愈伤口，缓和缺水现象，促进休眠芽萌发和叶片迅速增大。受冻后再恢复生长的植物常表现出生长不良，因此首先要对这部分植株加强管理，保证前期的水肥供应，亦可以早期追肥和根外追肥，补给养分。

受冻植株要适当晚剪和轻剪，让其有充足时间恢复。对明显受冻枯死部分要及时剪除，以利伤口愈合；对于受冻不明显的部位不要急于修剪，待春天发芽后再做决定。受冻造成的伤口要及时治疗，应喷白或涂白预防日灼，并做好防治病虫害和保叶工作。对根茎受冻的植株要及时嫁接或根接，以免植株死亡。树皮受冻后成块脱离木质部的要用钉子钉住或进行嫁接补救。

以上措施只是植物受冻后的一些补救措施，并不能从根本上解决园林植物受冻的问题。最根本的办法是加强引种驯化和育种工作，选育优良的抗寒园林植物种类。

二、霜害

（一）霜冻的形成原因及危害特点

在生长季节里由于急剧降温，水汽凝结成霜使梢体幼嫩部分受冻称为霜害。我国除台湾与海南岛的部分地区外，由于冬春季寒潮的侵袭，均会出现零度以下的低温。在早秋及晚春寒潮入侵时，常使气温急剧下降，形

成霜害。一般纬度越高,无霜期越短;在同一纬度上,我国西部无霜期较东部短。另外小地形与无霜期有密切关系,一般坡地较洼地、南坡较北坡、靠近大水面的较无大水面的地区无霜期长,受霜冻威胁较轻。

在我国北方地区,晚霜较早霜具有更大的危害性。因为从萌芽至开花期,植物的抗寒能力越来越弱,甚至极短暂的零度以下温度也会给幼微组织带来致命的伤害。在这一时期,霜冻来临越快,则植物越容易受害,且受害也越重。春季萌芽越早的植物,受霜冻的威胁也超大,如北方的杏树开花比较早,最易遭受霜害。

霜冻会严重地影响园林植物的正常生长和观赏效果,轻则生长势减弱,重者会全株死亡。早春萌芽时受霜后,嫩芽和嫩枝会变褐色,鳞片松散而干枯在枝上。如花期受霜冻,由于雌蕊最不耐寒,轻者将雌蕊和花托冻死,但花朵能正常开放;重者会将雄蕊冻死,花瓣受冻变枯、脱落。幼果受霜冻,轻则幼胚变褐,果实仍保持绿色,以后逐渐脱落;重则全果变褐色。很快脱落。

(二)防霜措施

针对霜冻形成的原因和危害特点采取的防霜措施应着重考虑以下几个方面:增加或保持植物周围的热量,促使上下层空气对流,避免冷空气积聚,推迟植物的萌动期以增加对霜冻的抵抗力等。

1. 推迟萌动期,避免霜害

利用药剂和激素或其他方法使园林植物推迟萌动(延长植株的休眠期),因为推迟萌动和延迟开花,可以躲避早春"田春寒"的霜冻。例如,乙烯利、青鲜素、萘乙酸钾盐水(250—500毫克/公斤)在萌芽前后至开花前灌洒植株上,可以抑制萌动;在早春多次灌返浆水或多次喷水降低地温,如在萌芽前后至开花前灌水2—3次,一般可延迟开花2—3天;在管理上也可结合病虫害的防治用涂白减少植株对太阳热能的吸收,使温度升高较慢,此法可延迟发芽开花2—3天,能防止植株遭受早春的霜冻。

2. 改变小气候条件以防霜冻

在早春，园林植物萌芽、开花期间，根据气象台的霜冻预报及时采取防护措施，可以有效保护园林植物免受霜冻或减轻霜冻。

3. 根外追肥

为了提高园林植物抗霜冻的能力，也可以在早春植物萌动前后，用合适的肥料浓度喷洒枝干，进行根外追肥。因为根外追肥能增加细胞浓度，提高抗霜冻能力，效果很好。

4. 霜后的管理工作

在霜冻发生后，人们往往忽视植物受冻后的管理工作，这是不对的。因为霜后如果采取积极的管理措施，可以减轻危害，特别是对一些花灌木和果树类，如及时采取叶面喷肥以恢复树势等措施，可以减少因霜害造成的损失，夺回部分产量。

三、风害

在多风地区，园林植物常发生风害，出现偏冠和偏心现象。偏冠会给园林植物的整形修剪带来困难，影响其功能的发挥；偏心的植物易遭受冻害和日灼，影响其正常发育。我国北方冬春季节多大风天气，又干旱少雨，此期的大风易使植物损失过多的水分，造成枝条干梢或枯死，又称"抽梢"现象。春季的旱风，常将新梢嫩叶吹焦，花瓣吹落，缩短花期，不利于授粉受精。夏秋季我国东南沿海地区的园林植物又常遭受台风袭击，常使枝叶折损，大枝折断，甚至整株吹倒，尤其是阵发性大风，对高大植物的破坏性更大。

尽管由于诸多因素会导致园林植物风害的发生，但是通过适当的栽培与管理措施，风害也是可以预防和减轻的。

（一）栽培管理措施

在种植设计时要注意在风口、风道等易遭风害的地方选择抗风种类和品种，并适当密植，修剪时采用低干矮冠整形。此外，要根据当地特点，设置防护林，可降低风速，减少风害损失。在生产管理过程中，应根据当地实际情况采取相应防风措施。如排除积水，改良栽植地的土壤质地，培育健壮苗木，采取大穴换土、适当深植、使根系往深处延伸。合理修剪控制树形，定植后及时设立支柱，对结果多的植株要及早吊枝或顶枝，对幼树和名贵树种设置风障等，可有效地减少风害的危害。

（二）加强对受害植株的维护管理

对于遭受过大风危害，折枝、伤害树冠或被刮倒的植物，要根据受害情况及时进行维护。对被刮倒的植物要及时顺势培土、扶正，修剪部分或大部分枝条，并立支杆，以防再次吹倒。对裂枝要顶起吊枝，捆紧基部创面，或涂激素药膏促其愈合。加强肥水管理，促进树势的恢复。对难以补救或没有补救价值的植株应淘汰掉，秋后或早春重新换植新植株。

四、雪害（冰挂）

积雪本身对园林植物一般无害，但常常会因为植物体上积雪过多而压裂或压断枝干。许多园林树木，如国槐、悬铃木、柳树、杨树等受到不同程度的伤害，造成重大经济损失。同时因融雪期气温不稳定，积雪时融时冻交替出现、冷却不均也易引起雪害。因此在多雪地区，应在大雪来临前对植物主枝设立支柱，枝叶过密的还应进行疏剪；在雪后应及时将被雪压倒的枝株或枝干扶正，振落积雪或采用其他有效措施防止雪害。

第六节 园林植物的保护和修补

园林植物的主干和骨干枝上，往往因病虫害、冻害、日灼及机械损伤等造成伤口，对这些伤口如不及时保护、治疗、修补，经过长期雨水侵蚀和病菌寄生，易造成内部腐烂形成空洞。有空洞的植株尤其是高大的树木类，如果遇到大风或其他外力，则枝干非常容易折断。另外，园林植物还经常受到人为的有意无意的损坏，如种植土被长期践踏得很坚实，在枝干上刻字留念或拉枝、折枝等不文明现象，这些都会对园林植物的生长造成很大的影响。因此，对园林植物的及时保护和修补是非常重要的养护措施。

一、枝干伤口的治疗

对园林植物枝干上的伤口应及时治疗，以免伤口扩大。如是因病、虫、冻害、日灼或修剪等造成的伤口，应首先用锋利的刀刮净、削平伤口四周，使皮层边缘呈弧形，然后用药剂（2%—5%硫酸铜液，0.1%的升汞溶液，石硫合剂原液）消毒。对由修剪造成的伤口，应先将伤口削平然后涂以保护剂。选用的保护剂要求容易涂抹，黏着性好，受热不融化，不透雨水，不腐蚀植物体，同时又有防腐消毒的作用，如铅油等。大量应用时也可用黏土和鲜牛粪加少量的石硫合剂的混合物作为涂抹剂，如用含有0.01%—0.1%的植物生长调节剂a–萘乙酸涂剂，会更有利于伤口的愈合。

如果是由于大风使枝干断裂，应立即捆缚加固，然后消毒，涂保护剂。如有的地方用两个半弧圈做成铁箍加固断裂的枝干，为了避免损伤树皮，常用柔软物做垫，用螺栓连接，以便随着干径的增粗而放松；也有的用带螺纹的铁棒或螺栓旋入枝干，起到连接和夹紧的作用。对于由于雷击使枝干受伤的植株，应及时将烧伤部位锯除并涂保护剂。

二、补树洞

园林树木因各种原因造成的伤口长久不愈合，长期外露的木质部会逐渐腐烂，形成树洞，严重时会导致树木内部中空、树皮破裂，一般称为"破肚子"。由于树干的木质部及髓部腐烂，输导组织遭到破坏，因而影响水分和养分的正常运输及储存，严重削弱树势，导致枝干的坚固性和负载能力减弱，树体寿命缩短。为了防止树洞继续扩大和发展，要及时修补树洞。

（一）开放法

如果树洞不深或树洞过大都可以采用此法，如无填充的必要，可按伤口治疗方法处理。如果树洞能给人以奇特之感，可留下来做观赏，此时可将洞内腐烂木质部彻底清除，刮去洞口边缘的死组织直至露出新的组织为止，用药剂消毒并涂防护剂，同时改变洞形，以利排水，也可以在树洞最下端插入排水管，以后经常检查防水层和排水情况，防护剂每隔半年左右重涂一次。

（二）封闭法

树洞经处理消毒后，在洞口表面钉上板条，以油灰和麻刀灰封闭（油灰是用生石灰和熟桐油以 1：0.35 调制，也可以直接用安装玻璃用的油灰，俗称腻子），再涂以白灰乳胶、颜料粉面，以增加美观，还可以在上面压树皮状纹或钉上一层真树皮。

（三）填充法

填充法修补树洞是用水泥和小石砾的混合物，填充材料必须压实。为便于填充物与植物本质部连接，洞内可钉若干电镀铁钉，并在洞口内两侧挖一道深约 4 厘米的凹槽。填充物从底部开始，每 20—25 厘米为一层，用油毡隔开，每层表面都向外倾斜，以利于排水。填充物边缘不应超出木质部，以便形成层形成的愈伤组织覆盖其上。外层可用石灰、乳胶、颜色粉涂抹。为了增加美观和富有真实感，可在最外面钉一层真树皮。

现在也有用高分子化合材料环氧树脂、固化剂和无水乙醇等物质的聚合物与耐腐朽的木材（如侧柏木材）等材料填补树洞。

三、吊枝和顶枝

顶枝法在园林植物上应用较为普通，尤其是在古树的养护管理中应用最多，而吊枝法在果园中应用较多。大树或古树如倾斜不稳或大枝下垂时，需设立柱支撑，立柱可用金属、木桩、钢筋混凝土材料等做成。支柱的基础要做稳固，上端与树干连接处应有适当形状的托杆和托碗，并加软垫以免损害树皮。设立的支柱要考虑美观并与环境谐调。如有的公园将立柱漆成绿色，并根据具体情况做成廊架式或篱架式，效果就很好。

四、涂白

园林植物枝干涂白，目的是防治病虫害、延迟萌芽，也可避免日灼危害。如在果树生产管理中，桃树枝干涂白后较对照花期能推迟 5 天，可有效避开早春的霜冻危害。因此，在早春容易发生霜冻的地区，可以利用此法延迟芽的萌动期，避免霜冻。又如紫薇比较容易发生病虫害，管理中应用涂白，可以有效防治病虫害的发生。再如杨柳树、国槐、合欢易遭蛀虫的等树种涂白，可有效防治蛀干害虫。

涂白剂常用的配方是：水 10 份，生石灰 3 份，石硫合剂原液 0.5 份，食盐 0.5 份，油脂（动植物油均可）少许。配制时先化开石灰，倒入油脂后充分搅拌，再加水拌成石灰乳，最后放入石硫合剂及盐水，为了延长涂白的有效期，可加黏着剂。

五、桥接与补根

植物在遭受病虫、冻伤、机械损伤后，皮层受到损伤，影响树液上下流通，会导致树势削弱。此时，可用几条长枝连接受损处，使上下连通，有利于恢复生长势。具体做法为：削掉坏死皮层，选枝干上皮层完好处，在枝干连接处（可视为砧木）切开和接穗宽度一致的上下接口，接穗稍长一点，也将上下两端削成同样斜面插入枝干皮层的上下接口中，固定后再涂保护剂，促进愈合。桥接方法多用于受损庭院大树及古树名木的修复与复壮的养护与管理。补根也是桥接的一种方式，就是将与老树同种的幼树栽植在老树附近，幼树成活后去头，将幼树的主干接在老树的枝干上，以幼树的根系为老树提供营养，达到老树复壮的目的。一些古树名木，在其根系大多功能减迟，生长势减弱时可以用此法对其复壮。

总的来说，园林植物的保护应坚持"防重于治"的原则。平时做好各方面的预防工作，尽量防止各种灾害的发生，同时做好宣传教育工作，避免游客不文明现象的发生。对植物体上已经造成的伤口，应及早治愈，防止伤口扩大。

参 考 文 献

[1] 丛林林，韩冬 . 园林景观设计与表现 [M]. 北京：中国青年出版社，
2016.

[2] 邓志力 . 园林树木栽培与养护 [M]. 阳光出版社，2018.

[3] 董亚楠 . 园林工程从新手到高手：园林植物养护 [M]. 北京：机械工业出版社，2021.

[4] 杜迎刚 . 园林植物栽培与养护 [M]. 北京：北京工业大学出版社，
2019.

[5] 高祥斌 . 园林绿地建植与养护 [M]. 重庆：重庆大学出版社，2014.

[6] 郭媛媛，邓泰，高贺 . 园林景观设计 [M]. 武汉：华中科技大学出版社，2018.

[7] 韩旭，王庆云，宋开艳 . 园林植物栽培养护及病虫害防治技术研究 [M]. 中国原子能出版社，2019.

[8] 何雪，左金富 . 园林景观设计概论 [M]. 成都：电子科技大学出版社，
2016.

[9] 胡晶，汪伟，杨程中 . 园林景观设计与实训 [M]. 武汉：华中科技大学出版社，2017.

[10] 李本鑫，史春凤，杨杰峰 . 园林工程施工技术 [M]. 3 版 . 重庆：重

庆大学出版社, 2021.

[11] 刘斌, 陈丹. 园林景观设计构思与实践应用研究 [M]. 西安: 西北工业大学出版社, 2022..

[12] 刘德良, 田伟政, 张琴. 园林树木繁殖与栽培养护技术 [M]. 长春: 吉林科学技术出版社, 2006.

[13] 刘洪景. 园林绿化养护工程施工与管理 [M]. 武汉: 华中科技大学出版社, 2015.

[14] 刘秀杰. 园林植物栽培养护 [M]. 兰州: 甘肃文化出版社, 2016.

[15] 刘志然, 黄晖. 园林施工图设计与绘制 [M]. 重庆: 重庆大学出版社, 2015.

[16] 罗锢, 秦琴. 园林植物栽培与养护 [M].3 版. 重庆: 重庆大学出版社, 2016.

[17] 潘天阳. 园林工程施工组织与设计 [M]. 北京: 中国纺织出版社, 2021.

[18] 蒲亚锋. 园林工程建设施工组织与管理 [M]. 北京: 化学工业出版社, 2005.

[19] 宋建成, 吴银玲. 园林景观设计 [M]. 天津: 天津科学技术出版社, 2019.

[20] 王冬梅. 园林景观设计 [M]. 合肥: 合肥工业大学出版社, 2015.

[21] 王皓. 现代园林景观绿化植物养护艺术研究 [M]. 江苏凤凰美术出版社, 2019.

[22] 王红英, 孙欣欣, 丁晗. 园林景观设计 [M]. 北京: 中国轻工业出版社, 2021.

[23] 王良桂. 园林工程施工与管理 [M]. 南京: 东南大学出版社, 2009.

[24] 徐立华. 园林花卉栽培与养护技术 [M]. 阳光出版社, 2013.

[25] 杨凤军, 景艳莉, 王洪义. 园林树木栽培与养护管理 [M]. 哈尔滨:

哈尔滨工程大学出版社, 2015.

[26] 于晓，谭国栋，崔海珍. 城市规划与园林景观设计 [M]. 长春：吉林人民出版社, 2021.

[27] 余乐，黎建文，蓝志福. 园林植物栽培与养护 [M]. 天津：天津科学技术出版社, 2017.

[28] 袁惠燕，王波，刘婷. 园林植物栽培养护 [M]. 苏州：苏州大学出版社, 2019.

[29] 张学礼. 园林景观施工技术及团队管理 [M]. 北京：中国纺织出版社, 2020.

[30] 张志伟，李莎. 园林景观施工图设计 [M]. 重庆：重庆大学出版社, 2020.

[31] 赵小芳. 城市公共园林景观设计研究 [M]. 哈尔滨：哈尔滨出版社, 2020.

[32] 肇丹丹，赵丽薇，王云平. 园林景观设计与表现研究 [M]. 北京：中国书籍出版社, 2021.

[33] 朱宇林，梁芳，乔清华. 现代园林景观设计现状与未来发展趋势 [M]. 长春：东北师范大学出版社, 2019.